なぜダムはいらないのか

藤原 信 著

緑風出版

目次

なぜダムはいらないのか●目次

【各論】

はじめに

公共事業のあり方が問われている。公共事業による大規模な環境破壊が続発している。特にダム事業による自然環境の破壊、生態系の破壊は、公共事業の見直しにとつながっていった。公共事業は本来、国民生活を豊かにするものであるが、現実には、必要のない公共事業により自然環境が破壊されている。一度破壊された環境は回復できないことを銘記すべきである。

公共事業は一度計画が決定されると、その後の社会情勢が変化しても、事業の必要性の見直しもされず、事業は強行されるといわれてきた。しかしこのところ少し風向きが変わってきた。

一九九五（平成七）年七月十四日に、建設省河川局長名で「ダム事業に係る事業評価方策の試行について」という通達が出され、一一のダム事業の見直しのための委員会（以下ダム審という）が設置され、その後、三事業が追加され一四事業を対象に、事業の見直しが行なわれた。

一四事業のうち、小川原湖総合開発、渡良瀬遊水池総合開発（Ⅱ期）、矢作川河口堰、細川内《ほそごうち》ダム、紀伊丹生川《にゅうがわ》ダム、高梁川《たかはしがわ》総合開発事業の六事業が中止となり、吉野川第十堰が見直しとなっている。

一九九七（平成九）年十二月五日には、内閣総理大臣から、「公共事業の『再評価システム』の導入及び事業採択段階における費用対効果分析の活用」について指示があり、これを受けて、建設省等の六省庁は、「再評価実施要項」を策定し、公共事業の再評価の作業を開始した。

建設省は、「公共事業の再評価に関する検討委員会」を設置し、事業の見直しを行ない、「事業の継続が適当と認められない場合には事業を中止又は休止する」ことにした。ダム事業については、「事業採択後五年間を経過した時点で未着工の事業」が対象とされた。

二〇〇〇（平成十二）年八月の「公共事業の抜本的見直しに関する与党三党合意」を受け、十一月二十八日に、建設、運輸、農水三省は、二五五の公共事業の中止を発表した。

国土交通省（旧建設省）が、一九九六（平成八）年以降、二〇〇二（平成十四）年十二月二十日までの七年間に中止したダムは八四に達している。内訳を見ると、直轄事業一七、水資源開発公団事業三、生活貯水池二五、生活貯水池を除く補助事業は三九である。

中止・休止の理由としては、

① 地質調査の結果、他の治水代替案が経済的に有利となるため事業を中止する。

② 地質調査の結果、治水計画の見直しが必要となったため、事業を中止する。

③ 地質調査の結果、治水計画の見直しが必要（経済的に有利）となったため事業を中止し、利水については、今後代替案を検討する。

④ 利水者が事業に不参加の意向となり、また地質調査の結果、治水計画の見直しが必要と

なったため事業を中止する。
⑤　利水者が事業に不参加の意向となり、また地質調査の結果、他の治水代替案が経済的に有利となるため事業を中止する。
⑥　利水予定者から早期の事業参画の意志表示がないため本事業は中止し、治水対策については別途検討する。
⑦　利水の需要が見込めず、事業の進捗が図れないため事業を中止し、治水対策については別途検討する。
⑧　水需要が減少し、計画の見直しが必要となることから多目的ダムの必要がなくなり、国庫補助を中止する。
⑨　地元調整が難航している。
等々が挙げられている。

中止の理由として、さまざまなケースがあるが、地質調査の結果を挙げる例が多い。次いで、「水が要らなくなった」から事業に不参加、の意向を示すことによる中止も多い。この場合、治水に関しては、「別途検討する」というのが多くなっている。

ダム中止の場合、国土交通省がいう「合理的な理由」というのは以上のようである。

ダムを中止した場合、「治水については別途検討する」とあるが、これまで、どのような検討が行なわれ、結果がどうなったのか、ということについては明らかにされていない。アカウンタビリティの面からも、その経緯を公表してもらいたいと思う。

しかし、これまで、「公共事業は止まらない」とされていたのが、公共事業も合理的な理由があれば止められるということがはっきりしてきたのは前進である。

次いで問題となるのは、中止されたダム事業で「これまで支出された国庫補助の処理をどうするか」ということである。事業中止に伴う補助金の返還についてはどう考えたらいいのだろうか。ここで日本弁護士連合会人権委員会が北海道庁で行なった聞き取り調査を紹介する。

（事業中止による補助金の返還について）

問　補助金の返還について、具体的にどのようなことが問題になりますか。

答　（事業を取り止めにするといわれた場合には当然、補助金返還の問題はさけては通れないということがいわれていた）実は国の関係と議論している中で、必ずしも事業を途中でやめたから補助金返還になるのではないのだ、という連絡が大蔵省の所管しているところからあった。拠り所になっているのは「補助金の適正化に関する法律」だが、補助事業の決定を取り消した場合に補助金の返還を求めることがあるという規定がある。しかし各省庁が決めることだが、事情変更があって決定を取り消した場合は、但し書きがあって、そもそも執行されたものについては取り消しということはできない、ということを大蔵省からいわれた。事情変更によって取り消した場合、そのことによってさかのぼって補助金を返せということはない。分権委員会の勧告のなかに、「社会経済情勢の変化などにより事業を中止した場合における国庫補助金の返還は免除する」ということがだされている。法制度と大蔵省のいっていること、分権委員会の勧告とが必ずしもすっきりしないが、いずれにせよ制度面から言っても勧告の趣旨から言っても、事情変更によって中止になった場合、補助金の返還ということはないだろうと考えている。このことが今回「時のアセスメント」を制度化するひとつの力になったといえる。〔(日本弁護士連合会第41回人権擁護大会・シンポジュウム第二分科会「公共事業を国民の手に」(個別公共事業報告・調査報告編)(北海道庁「時のアセスメント」関係調査より)より引用〕

天野礼子著『公共事業が変わる』(北海道新聞社)によると、岩手県の増田寛也知事は、あと三キロで完成するという県道「雫石東八幡平線」(奥産道)を、一九九九年に中止した。この県道の工事費四六億円の約半分は、建設省からの補助金であるが、建設省からは、特に、補助金の返還は求められなかったとのことである(増田知事は建設省キャリアから転出した知事である)。

鳥取県の片山善博知事は、二〇〇〇年三月に、県公共事業評価委員会が出した「代替案との事業費比較、治水の緊急性、沿川住民の意向を総合的に検討した結果、中部ダム事業を中止することが適当」という答申を受けて、「答申を尊重し中止したい」と発言し、中部ダム事業は中止となった。

「それは上手な止め方だった。こうした委員会を使って事業中止という手順を踏んでいれば、事業中止時に建設省から補助金の返還を求められないという通達が、一九九八年に自治省から出ているのだ（片山知事は自治省出身）」（前出書）ともいわれている。

長野県治水・利水ダム等検討委員会（以下検討委員会という）の「浅川ダム・下諏訪ダム中止」の答申も、合理的な理由があり、県の公共事業再評価委員会の審議を経れば、手続き的には、国庫補助金の返還を求められることはないといえる（結果としては、答申は必ずしも尊重されたとはいえない?）。

ところで、官製の「お手盛り審議会」がどのような役割を果たすかが問題である。

公共事業に関して計画や答申を作成する場合、所管大臣（または知事等）が審議会に諮問をして、その答申を受けて計画を立てる、という手法が用いられる。

審議会を設置する理由として、広く各界の意見や学識経験者の意見を聞くという形をとることにより、中立性や公開性を確保するため、と説明されている。しかし実態は、官僚が作成した計画や答申を、あたかも、審議会が作成したように見せかけるための「隠れ蓑」である。

法律・条例等では、「委員は大臣（または知事等）が任命する」となっているが、官僚は、自分の都合の良い無難なメンバーを委員に選出し、大臣は、官僚が選出した審議会メンバーを追認するだけである。その結果、ほとんどの委員会が、同じ顔ぶれの「御用学者による御用審議会」となり、審議会は、官僚が作成した計画案や答申案にお墨付きを与えるだけの組織に堕落する。

しかし、最近、まともな首長は、自分で委員を選考するようになってきた。

「私も委員会メンバーです。委員会は普通は、行政の意向通りに答申する御用審議会ですが、長野は画期的なんです。地方官僚をはじめから排除し、徹底した住民参加を行っている。これは日本一だと思います」(五十嵐敬喜『公共事業が変わる』)

長野県の審議会委員の顔ぶれを見ると、知事の改革に取り組む姿勢が分かる。長野は大きく変わりつつある(各論第一章を参照のこと)。

公共事業の計画策定段階での密室性も問題とされている。「情報公開」、「住民参加」、「説明責任」、「合意形成」等のプロセスが問われている。

計画策定段階で住民参加を求め、議論の過程は、すべての情報とともに公開する。計画策定時に用いられたデータは、統計処理される前の生データも含めて開示すべきである。

ダムの計画では、水需要予測や基本高水の設定にあたり、常に過大に設定されているのではないかという懸念が出されている。長野県治水・利水ダム等検討委員会では、水需要予測や基本高水が合理的であるかどうかについて、十分とはいえないが、ある程度まで検証することが出来た。本書では、これまでわれわれが口を挟むことが出来なかった「基本高水」の設定についての問題点を明らかにした。ダムの規模を議論する時に役立ててほしい。

これまで、森林の有する「緑のダム」について、定性的な機能は評価されていたが、定量化が出来ないということで、軽視されてきた。それに代わるものとして、機能を量的に把握できるコンクリートのダムが造られてきた。しかしいま、コンクリートのダムによる、自然破壊、環境破壊が指摘されるとともに、費用対効果の面でもその機能が批判されるようになってきた。寿命のあるコンクリートのダムと比べ、歳月を経ることにより機能を増す「緑のダム」としての森林の効用が見直されてきた。

自然は多様であり、単純に、森林の機能を量的に評価することは困難だが、森林水文学と森林土壌学の両面から、森林の有効性を把握する試みが行なわれ、森林土壌の大切さが確認された。しかし、森林土壌は、一朝一夕に生成するものではない。一年で一㎜から〇・五㎜程度しかつくられない、ともいわれている。森林の整備をすれば直ちに保水力が増すというわけにはいかないが、森林が荒廃すれば、あれよあれよという間に保水力は減退する。

「緑のダム」としての森林は全能ではない。時には河川改修や遊水池と、時には渓間工事(注)も必要な時もある。しかしいま行なわれているような、「何が何でもダム」というのは間違っている。

本書では、「緑のダム」のメカニズムの説明に紙幅を割いた。森林、特に森林土壌の有する「緑のダム」としての機能を向上させるために、森林の整備に努める必要がある。

(注) 渓間工事とは、渓床の浸食を防止し、山脚を固定して、林地および下流の保全をはかることを目的として施工される工事をいう。

(本書では敬称を省略させていただく)

総論

第一章

河川行政とダム

第一節　河川行政の変遷

多自然型川づくり

「安易にコンクリートでベタベタ護岸を張りつけて三面張り水路のような川をつくらないでほしいな。川らしい川をつくろうよ。川に、ふくらみや狭まりがあり、また、瀬や淵があって、少なくともコンクリートが表面からは見えず、緑の多い自然豊かな川を設計しようよ。そのために買収用地が少し広くなってもいい。少々予算が多くかかってもいいじゃないですか」

しかし、県の担当者も簡単には引き下がらない。「そうはいっても、急に用地幅を広げると、地元の協力が得られなくなります。今の計画で進めるほかありませんよ」。

「だって、そんな汚い川をつくって、みんなが喜んでくれるだろうか。少々時間がかかるかもしれないけれど、まちの人々とよく相談して、これから百年、二百年にわたって人々に愛される川を、このさい、つくろうじゃないですか」（『天空の川』関正和・草思社・一九九四年）。

このやりとりはいまの話ではない。十数年前、一九九一年の年明けに、ある県との予算ヒヤリングでの、建設省河川局治水課建設専門官の関正和と県の担当者との対話である。

これまで、河川の直線化とコンクリートの三面張りで進められてきた日本の河川行政が大きく変わろうとしていた一齣である。『天空の川』は、ガンの転移と戦いながら、河川行政に取り組みつつ、壮絶な戦死を遂げた関正和の遺稿である。

一九八八年にドイツ、スイスの「ナトウーア・ナーヘル・ヴアッサーバウ」（近自然河川工学と呼ばれる川づくりを見てきた関は、帰国後『まちと水辺に豊かな自然を』（リバーフロント整備センター編・山海堂）という本を出版し「多自然型川づくり」への道を開いたが、一九九〇年には治水課長名で「多自然型川づくりの実施要領」という通達を全国の地方建設局と都道府県に出した。この内容は「いっさい、技術的な指針もマニュアルも示さずに、河川改修にあたってはとにかく、それぞれの河川技術者の才覚で、多自然型川づくりの理念にあった自然豊かで、美しい風景を生み出す川づくりを進めなさい」というものであった、という。関自身も「乱暴といえば、ずいぶん乱暴な通達だったのである」と書いている（『大地の川』関正和・草思社・一九九四年）。

関が進めようとした「川づくり」については、『大地の川』に詳しい。そしてこのような思想に基づく河川行政が行なわれて欲しかったが、一九九四年の関の急逝とともに、日本の河川行政は再びもとの「石頭」、「頑迷固陋の河川局め」（『大地の川』）に戻ってしまった。河川技術者の中に、関の遺志を継ぐ者が見あたらないのは残念である。

環境に関する国民の関心が高まるにつれ、ダムや堤防に頼る無機的な河川管理から環境を重視する河川管理に移行しはじめている。その中で遅れているのが河川行政の担当者の〝頭〟である。

前河川審議会委員・高橋裕東大名誉教授の講演より

二〇〇一年二月に、ごく内輪の会合で、高橋裕東京大学名誉教授の話を聞く機会があった。高橋は、河川審議会の八年を省みるということで、河川行政について興味深い話をした。以下は講演要旨であり、文責は藤原信である（以下、敬称略）。

高橋が河川審議会の委員になったのは一九九二年であるが、河川審議会とのかかわりは七六年に総合治水小委員会の専門委員になってからで、この間の二五年を回顧しての話題であった。

一九七四年には多摩川水害、一九七六年には長良川水害と、水害訴訟が多発した時期である。都市水害は堤防やダムや排水機場の整備では対応できないことにようやく気づいたということで、河川行政が最初の曲がり角を回った時期でもある。

河川審議会の委員になった一九九二年に河川環境小委員会の委員長になり、今後の河川環境のあり方について二年間審議し、一九九五年三月に「今後の河川環境のあり方」について答申した。

河川環境のあり方では三つの柱を立てた。一つは、「河川というのは生物の生息・生育の場である。生物がいなければ川ではない」ということで、「これからの河川工事は生物が生息できないような工事はするな」ということを意味する。

二つ目は、「地域の人たちと連携を保て。地域との連携を保っていくことによって河川環境を守るべきである」ということで、これにより住民参加への道を開いた。

三つ目は、健全な水循環を守ることである。明治以来の日本の開発は、河川事業も含めて、自然界に営まれていた水循環をたいへん乱してしまった。「健全な水循環を重んじてこそ、河川環境を守れる」ということで、これが後の水循環小委員会につながっていった。

河川環境の答申を出す頃、河川法の改正を意識するようになった。改正前の河川法には、百何条の中に「環境」という言葉は一つもなかった。住民参加への道を開いたのも河川法改正の大きな点である。

樹林帯を河川管理施設に入れたのも画期的なことである。樹林帯が大事だということを認めたのみならず、自然の一部が河川管理施設になった。河川はやはり人間がつくったものだけでは守れないのだということで、森林と一体となってこそ治水を全うできると解釈する。

開発をすれば水循環は変わる。明治以来の大治水事業によって洪水の出足は速くなり、洪水規模を大きくしたのは、河川事業が水循環を変えたからである。水循環という観点から河川事業とか開発事業を意識すべきであり、文明の進展・開発と健全な水循環との矛盾の問題の延長線上に、二〇〇〇年十二月十九日に出た「流域治水」という答申がある。

一九九四年には環境基本法が制定され、これに基づき、建設省も環境政策大綱を出した。同年アメリカ内務省開墾局のダニエル・ビアードさんが「ダムの時代は終わった」という講演をし、ダム問題に大きな波紋を投げかけた。

一九九五年には第二次大戦後最大といわれる大洪水がヨーロッパで発生した。アメリカでは、ミシシッピー川洪水を一つの教訓に新たな治水政策が展開される。これらの災害が世界的な治水政策の大きな転換のきっかけとなった。

日本でも、我々は水循環を乱しすぎた。都市開発によって都市における豪雨時の水循環が変わったことが都市水害につながった。明治以来の治水方針は、ともかく流域に降った雨はなるべく早く河道に集めて、早く海に出そうとした。河川事業が豪雨時の水循環を変えた。

個人的な意見としてだが、あらゆる開発は、計画を立てるときに、この開発を行なうとそこに営まれていた水循環はどう変わるかということを予測して欲しい。これを「水循環アセスメント」といっている。

一九九八年八月から「健全な水循環系構築を目指す関係省庁連絡会議」が開かれ、二〇〇〇年十二月に、「流域での対応を含む効果的な治水のあり方」という中間答申を出した。この趣旨は「ダムや堤防は限界がある。それでは応じきれないところはいろいろ手を考えよう」ということで、新聞からは高く評価された。

二〇世紀の日本の河川は、旧河川法にのっとった大治水事業により、世界にもまれな河川の人工化をやったが、河川の極端な人工化は河川生態系を壊し、河川環境も劣化した。

二〇世紀の治水・利水を教訓に、二一世紀は新たな治水・利水体系への変換をすべき時である。

洪水とか渇水というものの考え方を変えよう。洪水とか渇水は川の自然の営みの一つの現れである。ただ厄介なものとは考えず、川は時々は手足を伸ばして洪水で暴れたいわけである。つまり自然現象なんだ。これは感覚の問題、受け止め方の問題である。

二〇世紀、我々は日本の川や水に何をしてきたか。その二〇世紀の評価と反省。開発至上主義から環境との調和。環境というとき、水質と地下水と生態系というものを一緒に考えたい。

およそ以上が高橋の話であった。国土交通省河川局の考え方を変えて欲しいと思うが、なかなか変わろうとしないようである。しかし、河川審議会委員には高橋のような考え方をもっている委員もいるのである。

河川にもっと自由を

高橋はこれまで書いた論文を集めて、『河川にもっと自由を』（山海堂）という単行本を刊行している。

高橋の考え方をより詳しく知るために、この本の内容について紹介する。

「大井川の復流の意義」という論文で、大井川のダム問題に触れ、「冷静に我々の身の回りの自然を眺めると、そこにはあまりに酷使されて哀れな川がある。我々はこの川を犠牲にして世界一流の所得と生活水準に達したのである。これからは川に恩返しをする時代である。それができなければ、将来の日本は自然に見放されてしまうであろう。日本は古来、自然との調和に民族の幸福をゆだねてきたことを想起したい」と書いている。

「新たな水利秩序の確立に向けて」という論文で、水の既得権についてふれ、「水の既得権の最たるものに慣行水利権を中心とする農業用水がある」。「水田用水を一割でも節約できれば、都市の将来の水需給バランスは全くといっていいほど変わってしまう。時々発生する都市の給水制限にしても、生活用水を最優先して給水できれば、事態は著しく好転するであろう」とし、「既得水利権の見直し、水循環の各段階で水を利用できることにすることも、水資源開発と考えることによって新たな水利用秩序確立への具体的方策を練るべきである」と書いている。

「自然と人間の共生」という論文では、各国の治水政策に触れ、「確率洪水の尺度による治水安全度に固執せず、何十年、何百年に一回は破堤氾濫することを考慮に入れ、その場合、被害を最小限にとどめる方策を確立すべきである。河川にとっては時には氾濫して人々の生活空間に入るのはきわめて正常な行動の一部であるとの認識が河川との共生である」と書いている。

「河川法改正後の水資源計画」という論文では、「従来は何年か先の水需要予測をまず行い、その需要増加分を、いかにして河川開発などによる水資源開発によって充たすかが計画の基本的流れであった」、「需要予測に当たっては、従来の需要予測の傾向を外挿することが多かった。ところが、一九七三（昭和四八）年のオイルショック以後、工業用水の全国的傾向は横這い傾向となり、水道用水はなお人口増加を続けている地方の都市において漸増しつつあるが、大都市においては増加傾向は鈍化してきた。従って従来の右肩上がりに則ってきた水需要予測が急に難しくなっている」、「環境が重視され、リサイクル社会の構築が叫ばれ、省資源が強く要望されてきた今日、水需給計画も単に量的検討に終始せず、適正開発量、開発の限界を考慮すべきであろう」、「『水需要まずありき』ではなく、『水開発の適正限界まずありき』とする、いわば逆転の思想である」、「水資源開発も従来の河川開発のみならず、水の再利用、雨水利用、海水淡水化、ソフト面での水利権の転用、節水などを含むことを意味する」、「これからは現在の科学技術文明のもとでのエコ社会、リサイクル社会のあり方が追求されなければならない。このような社会形成を目指して河川の新しい哲学が論理的に求められている。それに則った河川事業、水資源の需給および開発と保全の計画の作成が強く期待される」と書いている。

「河川にもっと自由を」という論文では、「河川近代事業の百年間、人間は終始、川の流れを河道の中に押し込めようと努力してきた」、「しかし、元来自然界の重要構成要因である河川は、人間の思うままに行動するのではない。あくまで自然のリズムのままに運動する。時々大洪水や渇水を発生するのが河川の本性である。川は時々は窮屈な河道内にいたたまれず自由に氾濫したいのだ」、「堤防はまれではあるが切れることもあり得る。砂防ダムもその容量をはるかに上回る土石流発生もあり得ることを前提に、土地利用規制、危険情報提供などのソフト対応を治水施設と併用して対処すべきである」、「河川の自由を徹底的に押さえるのではなく、ある程度の自由を与えてこそ、自然としての河川との共生は可能であろう。そもそも『与える』というのも人間の奢りである」、「ある程度の氾濫を許容することは、河川周辺の生態系保全のためにも望ましいであろう。いままであまりにも川の流れを束縛した返礼として『川にもっと自由を』を唱えたい」と書いている。

「水資源計画に新たな手法を」という論文では、水資源の開発と保全計画は大きな転換点に立っているとし、以下のように書いている。「これからは、大都市では下水処理水の利用、場合によっては雨水利用、離島などでは異常渇水時には海水淡水化プラントのレンタルとか、様々な方法があり得る。量的に期待できるのは、農業用水の慣行水利権の転用、余裕のある工業用水の上水道への転用である」、「河川水は公水であるから不要もしくは余裕が生じた場合には、河川管理者に無償で返還するのが河川法の建前である。しかし、無条件での転用は既得水利権者には気の毒であろう。金銭補償に限らず、何らかの補償を認めたうえでの水利権転用の道を開くべきである」、「水利権転用が社会的にきわめて困難なこともあり、昭和初期以来、それを避けて水資源開発はもっぱら河川開発、特に第二次大戦後はダム開発に依存してきた」、「しかし、ダム候補地が逐次減少し、ダムによる環境への影響が大きく社会問題ともなり、その費用も増加してきた事情に鑑み、既得水利権転用は、水路改修などのハード手段も含め、より具体的方途を探求することを回避してはなるまい」とし、「長期的観点からは、公共事業費が厳しくなる情勢下、他の水資源開発手法の開発に徐々に移行することを考える必要がある」。

「おわりに」では、治水について、「水害、水不足の克服に熱中するあまり、我々は河川の自由を奪いすぎたのではないか。それが河川環境の悪化となって、我々に問い返しているのであろう」と結んでいる。

利水についても、「水田用水を一割でも節約できれば、都市の将来の水需給バランスは全くと言っていいほど変わってしまう」といっている。

もし農業用水の一割弱の約五〇万トンが生活用水に転用できれば、都市が渇水で苦しむなどということはおこらない。農水省と他の官庁との縄張り争いで生活者が苦しむという構図を何とかして解消しなくてはならない。

「地球の水が危ない」

二〇〇三年二月二十日発刊の岩波新書『地球の水が危ない』（高橋裕著）の一三二〜一三三頁に「河川法改正の意義」として、以下のような記述がある。

「一九七〇年代、われわれは時代の変化に際会して、インフラの在り方に対症療法的措置は打ったが、技術信奉の思想を墨守して、インフラの在り方に大鉈をふるうことはできなかった。九〇年代に入って河川行政は大きく方向転換した。建設省河川局は、いわゆる『多自然型河川工法』の現場への適用を開始した。次いで九五年、河川審議会が、『今後の河川環境のあり方』を答申し、そこで『河川は生物の生育・成長の場』であることを確認し、それを受けて九七年に河川法が改正された。この河川法では河川事業の目的として、その第一条に『河川環境の整備と保全』が明記された。従来、治水と水資源開発と利用が河川事業の目的であり、その計画、設計が技術者の任務であった。それはまた数理の世界、主として物理学的論理の世界である。技術者は学生時代から数理、力学を学び、それを武器として治水や水資源の事業に携わってきた。河川法改正で定められた河川環境は、数理では割り切れない生物学・生態学の世界に入り込み、生物学と工学の接点の上に計画を立案しなければならない。特に生物学と工学、そして人間生活との関係の理解を前提として具体的河川計画が作成されなければならなくなった。河川技術者に求められる資質が変わったのである。従来の力学・物理学的論理のみでなく、生物学的論理の備わった技術者、行政官が求められることとなった。

河川法改正には、有識者および地元住民の意向を反映すべきことが加えられている。いかなる公共事業でもかくあらねばならないが、河川環境を重視する場合は、河川現場に日ごろ親しみ、接し、観察している住民の自然を慈しむ感覚、知識、愛郷心を重んずることこそ重要である」

高橋裕は、河川工学専攻で、国土交通省河川局には教え子が多い。

高橋が、一九七一年に『国土の変貌と水害』(岩波書店)の中に、「堤防とダムだけで(都市河川の)治水は全うできない」ということを書いたときは、建設省河川局では大変評判が悪く、公ではないが、暗に「あの本は読むな」という指令が出たという噂もあったという。しかし、その後、河川審議会の一連の答申で、高橋の意見が大幅に反映されるようになっていった。

高橋の一連の論文は二一世紀の河川行政のあり方を示しているが、現場の技術者にはまだこの考え方は徹底していない。特に各都道府県土木部河川課の若手職員には、新しい河川行政に転換することが、あたかも住民運動に屈したと思うのか、頑なに、「技術信奉の思想を墨守」する傾向がある。

生物学的論理の備わった技術者、行政官が増えれば、望ましい河川環境が保全されることになるだろう。

第二節　河川審議会の答申等

今後の河川環境のあり方について（河川審議会答申・一九九五年三月）

一九八一年十二月に、河川審議会は建設大臣に対し「今後の河川環境管理のあり方について」を答申し、この答申に従い、河川環境管理基本計画が策定されてきた。

しかし「答申以降十数年が経過した今日、河川に対するニーズの多様化を踏まえ以下の新たな課題に積極的に取り組む必要がある」として一九九五年に新たな答申「今後の河川環境のあり方について」が出された。

「河川の環境に国民的関心が集まっている今日、河川の理想像の実現に向け、『生物の多様な生息・生育環境の確保』、『健全な水循環系の確保』及び『河川と地域の関係の再構築』を基本方針として、流域全体を対象とした総合的取組が求められている」との認識から、「治水事業の進展が、人間社会の発展に大きく寄与したことは、まぎれもない事実である」が、「治水事業の進め方において、生物の生息・生育環境、地域の景観などへの配慮が足りなかったことも否定できない」とし、これからの河川環境を考えるにあたっては、尊い人命と財産を守るという治水事業は重要な役割をもつが、「同時に人命・財産を守るという役割を強調するあまり、無機的な河川環境がすべて肯定されたとしたら、河川の持つ豊かな生態系や地域の風土をはぐくむという役割が見過ごされることになろう」として、総合的な取組の必要性を述べている。

生物の多様性の確保としては、「川は生物の多様性を保つ上で重要な役割を果たすことを十分認識し、地域に固有の生物の多様な生息・生育環境を確保しつつ、川を治め、川のもたらす様々な恵みを利用していくことが必要である」としている。

健全な水循環系の確保としては、「人間の諸活動を持続可能とするような健全な水循環系の確保を目指す」とし、河川と地域の関係の再構築としては、「地域の新たな風土の創造を目指し、河川と地域の密接な関係を再構築」していくことの必要性を述べている。

重要な視点としては、「人々の生活様式、産業構造、土地利用、地球環境問題等に関する長期的動向を踏まえた取組」、「河川が地域住民の共有財産であるという認識のもとに、地域住民の責任ある主体的な参加」、「生態系、親水性、河川環境など様々な観点を総合的に踏まえた計画づくりや河川整備を行う」の三点をあげている。

基本施策としては、多様な河川形状を採用し「安易な河道の直線化を避けるなど、河川の形状にできるだけ変化を持たせ」、「多様な生物の生息・生育空間としての河川整備、河畔林の形成を目指すなど沿川の緑化を推進」し、『絶滅の恐れのある種』として指定された種を始め貴重な動植物種の保護増殖に資する取組の推進」を指示している。

この答申には、三つの柱がある。一つは、河川というのは生物の生息・生育の場で、「生物がいなければ川ではない」という立場であり、二つ目は、「河川環境をよく見ている地域住民と連携して河川環境を守れ」ということで住民参加への道を開き、三つ目の柱として「自然界に営まれていた水循環を重んじて河川環境を守れ」ということで、河川の直線化の見直しを示唆している。

このように本答申は「河川が地域住民の共有財産であるという認識のもとに、住民、地方公共団体等を含めた流域全体の取組を推進する」というもので、これまでの河川環境のあり方についての考えを大きく変えるものであった。

二一世紀の社会を展望した河川整備の基本的方向について（同一九九六年六月二十八日答申）

「明治以降、百年以上にわたり続けられてきた近代治水によって国土基盤の形成に著しく貢献した河川行政は、環境問題や価値観の変化など新しい課題に直面し、新たな展開が求められている」として、一九九六（平成八）年に出された答申が「二一世紀の社会を展望した今後の河川整備の基本的方向について」である。

今後、河川整備のとるべき基本的方向として、第一に、「予想を上回る自然現象が発生する」

こともあるので、「安全性の向上を図るとともに、壊滅的な被害を回避する新たな治水方式が必要」であり、第二に、「治水事業や水資源開発を緊急かつ効率的に推進した結果、環境への配慮が不足した面があることは否めない」ので、「治水・利水と環境をともに目指した河川整備を一層進め」、「川を取り込んだうるおいのある地域づくりやまちづくりが必要」であり、第三に、今後の河川整備にあたっては「地域と河川との役割分担を明確にしつつ、地域の意向を反映し、地域の個性を十分に発揮できる新たな施策の展開が必要」であるとしている。

そして「近代治水百年を振り返って」として河川行政の変遷を述べた上で、河川整備の現状と課題として、「水管理における総合性の欠如」を認めるとともに、「水害・土砂災害の被害ポテンシャルの増大」「頻発する渇水」「悪化する河川環境」「地域と河川との関係の希薄化」についての反省を行ない、二一世紀の社会と河川のあり方について述べている。

災害の視点としては、「自然現象は際限がない」ことから、「被害を最小限にくい止める」「最低限人命の損失をなくすよう努めることが重要である」としている。

水資源の視点でも、「水資源賦存量そのものに限界があり、水資源の開発のみならず節水及び水の有効利用が重要である」としている。

自然環境の視点では、「生物の多様性の確保は人間にとっても重要であり、『自然共存型社会』の実現が求められる」としている。

地域の個性の視点では、「地域住民の主体的参加や意向の反映のための仕組みの構築により

『地域個性発揮型社会』の実現が求められる」とした。

二一世紀に向けた河川整備としては、流域全体を視野に入れた施策が重要であり、地域住民の主体的な参加と様々な参加機会の創出に努めるとともに、河川の多様性を重視して「『川の三六五日』を意識しつつ、治水、利水、環境に関わる施策を総合的に展開することが重要である」という。

さらに洪水や渇水等の災害時には正確な情報を地域住民に提供し、被害の最小化を図るなど、新たな高度情報システムを構築し、「関係機関や地域住民との双方向のコミュニケーションの確立を図ることが重要である」という。

「新たな治水の展開」としては、「治水施設のみの対応による限界を認識して、大洪水が発生したとしても被害を最小限にくい止められるように、多様な方策を流域と河川において講じる」、「越水しても破堤しにくい堤防の整備等治水施設の質を高めることにより、信頼性の向上を図る」、洪水被害の最小化を図るため、氾濫原対策として、樹林帯・二線堤の整備を図ることをあげている。ソフト対策としては、浸水実績図やハザードマップ等の提供等、「情報伝達体制や警戒避難態勢の確立を図る」こととしている。

総合的な水資源対策の推進としては、ダム等の建設の推進とともに、「節水意識の高揚を図り、地下水、下水処理水、雨水、海水等多様な水源を地域の実情に応じて適切に利用し、水資源の有効利用を図る。また、農業用水の合理化や遊休化した工業用水の利用を図る」とともに、地下水、雨水の有効利用と農業用水、工業用水の転用を示唆している。

この答申では、「予想を上回る自然現象が発生する」、「自然災害の被害を完全に防ぐには限界がある」、「環境への配慮が足りなかった」という視点から、ハザードマップ等を作成し、情報伝達体制を整え、最低限人命の損失をなくすようにするとともに、限りある水資源の有効利用と節水意識の高揚、地下水、雨水等の利用を推進し、自然共存型社会を実現することが、二一世紀に向けた河川整備のあり方であると提言している。

社会経済の変化を踏まえた今後の河川制度のあり方について（同一九九六年十二月四日答申）

本答申は、「治水、利水等の観点は、安全で安心できる国民生活の現実に欠かせないものであるが、であるからといって、環境に配慮せず、また、没個性的な川づくり、たとえば、コンクリートの三面張りの排水路としたり、フェンスを張り巡らしたり、蓋をして暗渠化するような川づくりが求められる時代ではない」、「多様な生態系を持つ豊かな自然環境としての河川、水と緑の空間としてうるおいと安らぎをもたらす河川、健全な水環境を確保する河川、地域の個性溢れる河川といったものの整備を支える制度となるよう見直しを図る必要がある」、「多様な河川の環境の整備や河川を軸とした地域の個性の発揮という要請に応えるため、河川管理者だけでなく、地方公共団体や地域住民との役割分担を明確化し、それらの意向の反映といった必要が生じている」とし、さらに円滑な渇水調整のあり方についての早急の検討も踏まえ、河川制度の改正の方向を示している。

「今日では河川は単に洪水・高潮の防御（治水）や水資源（利水）の機能を持つ施設としてではなく、豊かな自然環境を残し、地域の中においても良好な生活環境の形成に重要な役割を担うもの」であるにもかかわらず、河川法の目的には環境について明確に位置付けたものとなってはいないとして、河川法の目的に「環境」に関する事項を明記するよう求めている。

水害防止のために重要な役割を担っていた「河畔林」が失われつつあるが、「堤内の河畔林は、堤体が破堤した場合又は堤体から越水した場合に氾濫水の流出を低減する治水機能がある」として、樹林帯の保全の重要性を述べている。

一九九六年の答申は、翌一九九七年の河川法改正につながる以下のような提言を行なっている。第一は河川法での「環境」の位置付けであり、第二は河畔林・湖畔林等の樹林帯の整備・保全であり、第三に計画策定への地域住民の意向の反映であり、第四は渇水調整の円滑化である。第五は河川情報の提供の推進であった。

河川法の一部を改正する法律（一九九七年五月二十八日可決成立）

数次にわたる河川審議会の答申を受けて政府は、河川法の一部を改正する法律を提案し、九七年五月に可決成立した。

河川法改正の主要部分は、第一に「河川環境の整備と保全」、第二に「河川の整備計画制度の見直し」、第三に「渇水調整の円滑化のための措置」であり、第四に「樹林帯制度の創設」である（以下、『改正河川法の解説とこれからの河川行政』建設省河川法研究会・ぎょうせい・一九九七年より引用）。

近年の国民のニーズに応え「河川環境の整備と保全」を図ることは河川管理の責務であるとして、第一条の目的に「河川環境の整備と保全」を加え、治水、利水、環境の総合的な河川管理が確保されたが、これは単に目的の改正を宣言するのみならず、第二条の「河川の管理は、第一条の目的が達成されるように適正に行なわれなければならない」とされているので、「河川環境の保全」は河川管理の責務と位置づけられている。

ここでいう「河川環境」というのは、「河川の自然環境」だけでなく、「河川と人との関わりにおける生活環境」も含むとされている。

「河川の整備計画制度の見直し」は第一六条の改正である。

これまでの「工事実施基本計画」は河川工事のみを対象としていたが、改正された「河川整備基本方針」は「河川の整備」を法律上位置づけるとともに、「水害発生の状況」と「水資源の利用の現況及び開発」の考慮事項に、新たに「河川環境の状況」が追加された。

さらに新たに第一六条の二が追加され、住民参加の道が開かれた。

第一項で、河川整備計画の策定が規定され、第二項で「河川環境の状況」も考慮事項とされている。

第三項で河川整備計画の案の作成段階において学識経験者の意見の聴取を行なうものとされ、第四項で河川整備計画の案の作成段階で、「公聴会の開催等関係住民の意見を反映させるために必要な措置を講じなければならない」とし、計画策定の出来るだけ早い段階から住民の意向を考慮するという姿勢が示されている。しかし、公聴会も「必要があると認めるときは」という条件付きであり、「関係住民」も「洪水の氾濫想定地域や流域の住民」に限定しているのは問題である。

第五項として、河川整備計画の案が固まった段階で、関係地方公共団体の長の意見を聞くことが義務付けられ、地域住民の安全等について行政上の責任を持つ地方公共団体の長の意見は重くなっている。

「渇水調整の円滑化のための措置」として、早めに渇水対策をとることが出来るよう、第五三条第一項に「困難となる恐れがある場合」を追加するとともに、第二項を追加し、簡易な手続により、水利使用者が、水利使用が困難となった他の水利使用者に自己の水利使用を行なわせることが出来る制度を創設した。これにより、水融通が容易になった。

河畔林の治水機能はこれまでも認められていたが、開発により、近年急速に失われつつあった。しかし環境と調和した治水対策としての期待の高まりを受け、第三条の河川管理施設の例示に河畔林等の「樹林帯」を追加し、第六条、第二六条、第二七条及び第五四条も改正し、河畔林の法的位置付けを明らかにした。

　河川法の改正は以後の河川環境行政に大きな影響も与えるものであった。

流域での対応を含む効果的な治水の在り方（河川審計画部会中間答申・二〇〇〇年十二月十九日）

　二〇〇〇年十二月十八日の朝日新聞朝刊一面に、「『川はあふれる』前提――洪水と共存する治水に」という記事が出て、省庁再編に伴って再編成される河川審議会としては最後となる中間答申「流域での対応を含む効果的な治水の在り方」（十二月十九日）の内容が報道された。委員の一人は「従来は河川の人工化を図ってきたが、完ぺきに洪水を押し込めることはできない。自然の川の性質と機能を尊重する時期にきている。今回の答申は、河川行政が大転換するきっかけになる」とコメントしている。

　二〇〇一年に省庁再編が行なわれ、一月六日に、建設省は運輸省、国土庁等と統合され国土交通省となった。各省にあった審議会は社会資本整備審議会に一本化され、河川審議会は河川分科会となった。したがって二〇〇〇年十二月のこの中間答申を含め「今後の水災防止の在り方について」「河川における市民団体等との連携方策のあり方について」の三本の答申は、河川審議会の最後の答申であった。

中間答申によれば、「我が国の治水対策は、築堤や河道拡幅等の河川改修を進めることにより、流域に降った雨水を川に集めて、海まで早く安全に流すことを基本」としてきたが、都市化の進展等により、「通常の河川改修による対応に限界を生ずるようになってきている」。このため、効果的な洪水対策を進めるためには、従来の河川改修に併せて、新たな流域対策を講じる必要があるとして、「洪水対策のみを対象」として提言を行なっている。

流域における対策を考えるに当たり、洪水流出の増大への対応を考えるべき「雨水の流出域」、浸水に対して防御の方法を考えるべき「都市水害の防御域」、氾濫への効率的な対処のしかた等を考えるべき「洪水の氾濫域」の三地域に分ける。

「雨水の流出域」では、「森林の適切な管理等による保水機能の保全や調整池等の設置による流出の抑制が、河川への洪水流出を増大させないための対策として効果を発揮すると考えられる」。調整池としては公的施設に貯留施設を設置するのみならず、各戸貯留や浸透ます等の個人レベルでの流出抑制対策も検討する。

「都市水害の防御域」では、人口、資産等が集積している地域であるから、破堤等が生じた場合甚大な被害があるので、「水害が起こることをあらかじめ想定した対応」をとる。

水害が発生した場合でも被害を最小にできるよう、水害に強い施設づくりをするとともに、ハザードマップ等の情報の周知などにより、洪水時に浸水地域等の情報を分かりやすい形で提供し、円滑な避難行動により被害を少なくする。

外水氾濫(注1)は頻度は少ないが被害は大きい。内水氾濫(注2)は頻度は多いが被害は比較的少ない。外水と内水の双方の影響等を勘案の上、流域全体としての被害を最小化する必要がある。

「洪水の氾濫域」では、被害を最小にするため、霞堤(注3)、越流堤(注4)等の遊水機能や氾濫した流水の勢いを押さえるための樹林帯等を配置する。

平面的に広がりを持ち氾濫水が拡散していく「拡散型氾濫域」では連続堤方式（堤防が連続している一般の河川堤防）等の河川整備が基本だが、霞堤や二線堤(注5)、等も積極的に活用すべきである。山間部等で河川の横断方向に広がりがなく氾濫水が拡散しない「非拡散型氾濫域」では、連続堤以外の方式と土地利用方策を組み合わせた対策が有効な場合がある。連続堤方式を採用しない場合、洪水が氾濫しても、「人命や建築物等の安全性を確保することが必要」であるから、輪中堤(注6)や宅地の嵩上げ等の対策をとる。

洪水時に一時的に湛水する区域では、浸水区域などの情報提供により、住居部分が浸水することのないような措置をとる。実績洪水が発生した河川での対策としては、浸水区域や浸水深の実績の情報を公表するとともに、融資や助成制度の活用により建築物の移転や耐水化を促進する。

具体的方策として、「河川事業による輪中堤や宅地嵩上げ」を河川事業として実施すべきであると提案している。「洪水の氾濫域における土地利用方策」としては、住居部分が浸水することがないよう措置することなど安全な土地利用を確保するための方策が必要である、とする。

「河川と下水道が連携した総合的な都市水害防御計画の策定」「水害に強い地域づくりのための情報提供」とともに、「地域の理解と協力」として、河川整備計画の策定にあたって地域住民の意見を反映していくことを基本とすべきである、という。

同日公表された「今後の水災防止の在り方について」と「河川における市民団体等との連携方策のあり方について」とあわせて、二一世紀の河川行政の方向を示唆するものである。

今後の水災防止の在り方について（河川審議会答申・同日）

戦後の相次ぐ台風や豪雨により、大水害が発生したが、治水事業の進展により、最近では、大河川の破堤は少なくなった。しかし、相対的に治水安全度が低い中小河川における外水氾濫や内水氾濫による浸水被害は一向に解消されない。

「そもそも治水施設の整備水準を上回る洪水が発生する可能性をゼロにすることは不可能であり、そのことを踏まえた水災防止対策は重要な課題である」が、「洪水等のいわゆる水災は地震と異なり、突発性の災害ではない」ので、「的確な情報提供があれば必ず減災効果を高めることができる」とし、「水災防止対策の拡充」、「水災防止対策の整備」、「水災防止を支える施設面での対応」について提言している。

河川における市民団体等との連携方策のあり方について（河川審議会答申・同日）

河川はこれまで、人間の都合によって「極端なものは生物の棲みにくい単なるコンクリートの排水路」となり、人々から遠ざけられていったが、川の持つ価値が見直されるなかで、住民等のニーズを的確に把握することの重要性が指摘されるようになった。

「河川は、多様な生物を育み、地域固有の生態系を支える自然公物であるとともに、『地域共有の公共財産』であり、地域住民と行政が『川は地域共有の公共財産』であるという共通認識を持ち、連携していくことが不可欠である」ので、河川整備には地域住民の意見が反映されることが大切であるとの認識に立ち、「河川整備計画の策定にあたっての地域住民の意見の反映手続きが法制化された」。

「河川行政は、治水、利水、環境の調和を保ちつつ、市民団体等と連携した取組を積極的に行うべき時期にきていると言える」との観点から、「河川における市民団体等との連携方策のあり方について」提言を行なったのが本答申である。

これまで中止されると思われなかったダムが続々と中止・休止されている。しかし、中止の理由の多くは財政上の理由である。

河川行政にも変革の波が起き始めているようだが、しかし、二一世紀の河川行政についての河川審議会の方針はまだ多くの人たちの共通の認識にはなっていないように思われる。

特に、旧い教育を受けた県土木部河川課職員、ダム神話に縛られている地方自治体の長と住民は前世紀の遺物的存在である。

河川審議会が示した新しい河川行政は、これからの河川整備計画の策定にあたり、河川環境の重視、情報公開、住民参加を実現させるための第一歩となるものである。

この具体的成果の一つが淀川水系流域委員会である。

新たな河川整備をめざして――淀川水系流域委員会・提言――

二〇〇三（平成十五）年一月十七日に、淀川水系流域委員会（以下委員会という）は、「新たな河川整備をめざして」という提言を、国土交通省近畿地方整備局（以下整備局という）に提出した。

委員会は、改正河川法による「河川整備計画」策定にあたり、学識経験者から意見を聞く場として、整備局により設置され、五四名の委員と一名のWG専任委員により構成された。

委員の選出には、専門家の他、新聞等で公募された委員も加わっている。

会議および資料・議事録はすべて公開され、一般傍聴者や地域住民からの意見聴取も行なった。

一六回の委員会と、五七回におよぶ三部会の審議を経て、「河川整備の理念を改革し、従来の

『治水・利水を中心とした河川整備』から『河川や湖沼の環境保全と回復を重視した河川整備』へ転換し、『環境優先』の立場から、それを具体化するための整備のあり方」を提言した。

提言には「新たな河川環境の理念」「新たな治水の理念」「新たな利水の理念」「新たな河川利用の理念」が示されているが、この中で「ダムのあり方」について以下のように規定している。

淀川水系では多くのダムが建設され、それらが生活の安全・安心の確保や産業・経済の発展に貢献してきた事実を認めた上で、一方で、地域社会の崩壊や河川の生態系と生物多様性に重大な悪影響を及ぼしている、ことを指摘し、計画・工事中のものも含め、「ダムは、自然環境に及ぼす影響が大きいことなどのため、原則として建設しないものとする」と結論した。また、新たなダム建設については「考えうるすべての実行可能な代替案の検討のもとで、ダム以外に実行可能で有効な方法がないということが客観的に認められ、かつ住民団体・地域組織などを含む住民の社会的合意が得られた場合にかぎり建設するものとする」とした。

ダムの建設を計画する者に対しては、計画案策定の早い段階から「徹底した情報公開と説明責任」を果たすべきことを義務付けるとともに、「既設のダム・堰が機能を低下・喪失した場合あるいは自然環境に重大な影響を与えた場合、ダム管理者は撤去から存続にいたる幅広い検討を行い、存続させるにはダム機能の回復あるいは自然環境への影響の軽減を図るものとする」となっている。

計画・工事中のダムを含め、「原則として建設しないものとする」ということ、また機能低下・喪失等のダムの撤去まで規定している「提言」を、国土交通省はどのように受け止めるのか、関心の持たれるところである。

ダム事業に関するプログラム評価書（案）について

二〇〇三（平成十五）年一月二十七日に、国土交通省河川局は、「ダム事業に関するプログラム評価書（案）」以下「評価書」という）に対する意見を公募した。

プログラム評価とは、「アカウンタビリティ（説明責任）の徹底、国民本位の行政の実現、成果重視の行政への転換を目的として、平成一三年六月に『行政機関が行なう政策の評価に関する法律』が制定され、平成一四年より全府省的に導入された」もので、国土交通省でも、「ダム事業のプログラム評価に関する検討委員会」を設置して、「ダム事業」についてのプログラム評価を実施したものである。

「アカウンタビリティの徹底、国民本位の行政の実現」はこれまで国民が望んできたことであり、これからの河川局の姿勢が問われるレポートになると思う。以下、概要について記載する。

「治水対策としてのダムの役割と効果」として、「洪水時の河川水位を極力下げて洪水を安全に流す」ことが「治水の原則」であり、「多様な治水手法の組み合わせによる治水対策」として①堤防嵩上、②河床掘削、③引堤、④放水路、⑤遊水池[(注7)]、⑥ダムの六つの手法を挙げている。

⑤遊水池、⑥ダムは、「短時間で流量が大きく増減する我が国の洪水については、限られた容量で効率的に洪水のピーク流量を低減することができるという特徴がある」としてダムを治水の手法の一つと位置づけている。

治水方法の最適な組み合わせの検討にあたっては、「具体的に一〇九の一級水系で見ると、計画上、ダム等による洪水調節の基本高水のピーク流量に対する割合が五〇％を超えている河川もあれば、ダム等による洪水調節を行わず、基本高水のピーク流量を全て河道で流下させることとしている河川もある。計画の策定にあたっては、河川や流域の特性、沿川の土地利用の状況や整備の効率性、費用対効果等を考慮して決定している」とし、決定の仕方について、註で豊川水系での検討の事例（「豊川の明日を考える流域委員会」で、諸々の観点から、複数の代替案を比較検討して、「設楽ダム」を含む代替案を比較優位とした事例）を紹介している（長野県の治水・利水ダム等検討委員会も成功している事例として紹介してもらいたかったが）。

一〇九の一級水系のうちから主要河川一四を抜き出した図を見ると、ダム・遊水池の分担率が五〇％を超えている河川は荒川だけで、狩野川、遠賀川の二河川は一〇〇％河道で流下させている（図総1―2―1）。

ダム建設に伴って、「猛禽類の営巣場所や希少植物の水没など、動植物の生息・生育環境が減少、消失すること」、「ダム本体等の構造物によって河川の上下流方向の連続性が損なわれたり」、「魚類の遡上・降下や哺乳類の移動を妨げるなど、動植物の生息・生育環境が分断されることになる」、「場合によっては、ダム出現によって景勝地となっている渓谷の景観が変化するといった影響も発生する」などと、様々な形で自然環境へ影響を及ぼすことに触れ、自然環境保全の取り組みとして、いくつかの動植物に対する影響への対応を例示している。

景勝地となっている渓谷の景観がダムにより破壊される恐れとしては、累卵《るいらん》の危機にある吾妻渓谷を思わせる。関東耶馬渓といわれている吾妻川は、いま八ツ場ダムの建設により、荒廃の一歩手前にある。

「ダム事業を進める上での課題」として、⑴事業評価の客観性、事業の決定・見直しのプロセスの透明性の確保、⑵ダム事業の長期化・コストの増大、⑶アカウンタビリティ（説明責任）の向上、が挙げられている。

ダム事業については、平成七年に建設省にダム等事業審議委員会（ダム審）が設置され、ダム事業の見直しを進めてきたし、平成十年度からは事業評価制度も導入された。特に、事業採択後一定期間を経過した時点で実施する再評価については、事業評価監視委員会を設置し実施している。

これにより、ダム事業についても、河川総合開発事業について、延べ四五四事業の再評価を実施し、水需要の減少や、地質調査の結果、治水の代替案の優位性が高くなるなどの理由により、「平成一四年一二月までに、ダム審等によるものも含め八四事業の中止を決定している」。一度決定された公共事業は止まらないとされてきたが、その神話が崩れつつある。

図総1-2-1　全国主要河川における河道及びダム・遊水池の分担率

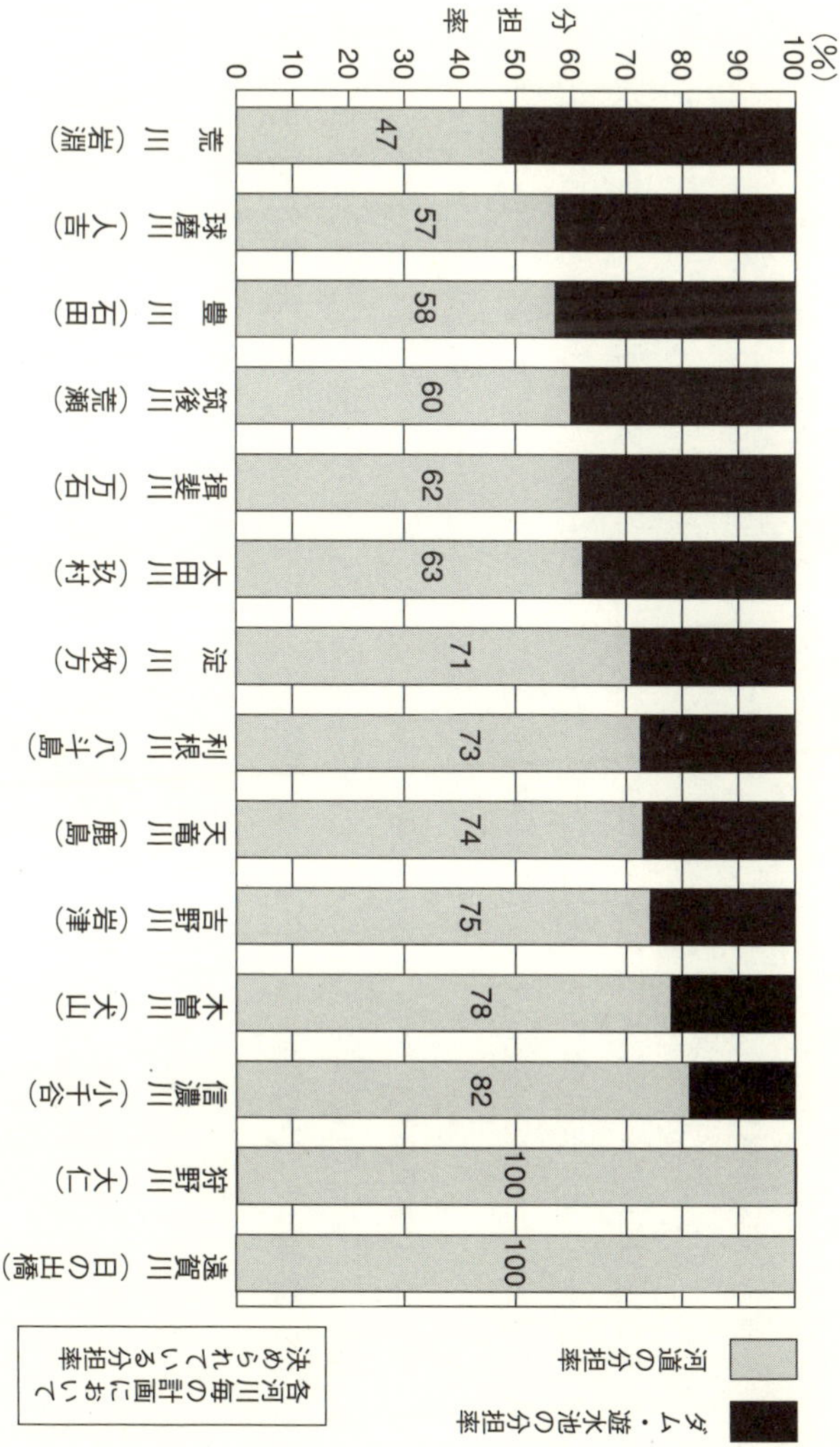

しかし、事業評価監視委員会の構成は、従来通りの御用委員会であり、一層の情報公開と住民参加を図るべきである。特に委員には、ダム事業に批判的な意見を持っている住民代表も加えるべきである。

平成九年の河川法改正により、「河川整備計画」の策定にあたり、関係住民、学識経験者、地方公共団体の長の意見も反映されるようになった。

河川整備計画の策定に際しては、「地域社会への影響、事業の費用対効果等の社会経済面、事業後の河道維持の難易性や洪水制御の確実性等の技術面とともに、動植物の生息・生育環境や水環境への影響等の環境面からの分析を行うことが必要である」とし、環境影響の分析方法についての専門家の提言の考え方を河川整備計画に反映させようとしている。

「ダム事業においては、長期的な水需要の見通しが見直されるなどの理由により、事業に参画する利水者が撤退することなどを想定して、それに適切に対応することが求められる」として、平成十四年公布の「水資源機構法」で、「利水者等の事業からの撤退(注8)に関する費用負担の手続きが位置づけられた」とし、「他のダム事業についても同様の対応について検討する」ことになった。これまでは事業からの撤退などは考えられないことだったので、ダム事業からの撤退に伴う手続きが明文化されるのは画期的なことである。

「評価書」は「ダム事業が中止となった場合、新たに顕在化する課題として、水没予定地を中心とした社会基盤整備の遅れ等をフォローアップする仕組みが確立されていない」ことを指摘し、「地域振興等に関する地元の要望、意見の集約や合意形成を促進し、その実現を支援するための取り組みに努めていく」としている。

ダム事業が中止になった場合、長年にわたりダム問題に苦しめられた地域住民への精神的な苦痛に対しての慰謝料も検討すべきである。

ダム事業の長期化・コストの増大は、各地で問題になっている（群馬県の八ッ場ダムなどは、計画から五十年を経過したいまもまだ、本体工事に取りかかっていない。ダム事業の長期化が、地域住民をいかに苦しめているかについては、各論第二章第一節八ッ場ダムを参照のこと）。

地域住民の合意形成にあたっては、早い段階から情報を公開するとともに、ふるさとを追われる住民の気持ちをくみ取るべきである。ダム事業が長期化するのは、それなりの理由があることを銘記すべきである。

大切なのはアカウンタビリティである。

これまで国土交通省河川局は、一方的な主張を押しつけるのみで、地域住民が求める情報公開にも、住民参加にも耳を貸さなかったというのが実情である。こうしたことへの反省からか、「特に、ダム事業については、治水対策としてその手法の一つであることなどから、その必要性、代替案との比較、自然環境に与える影響やその回避、軽減対策等、事業に関する情報をわかりやすく提供することが必要である」という。

「評価書」はダム事業を進めるにあたっては、計画策定段階からの環境への配慮が重要であり、環境に大きな負荷を与える時には、計画の見直しや変更が必要で、社会経済情勢の変化などで、特に長期的な水需要予測の見直しの問題なども起こってくると分析している。

また利水面では、「ダム事業の内容の変更が必要になった場合、これを円滑に進めるため、ダム事業に参画する利水者等の事業からの撤退に関する費用負担のあり方について検討する」としているが、治水面での対応はどうするのかは明らかにされていない。

「評価書」は最後に、「(参考) ダム事業を巡る論点」として、(1)森林の治水効果、利水効果、(2)ダム事業を巡る世界の動向、について付記している。

(1) 「森林の治水効果、利水効果について」では、「わが国の森林の実相」と、「森林の多面的な機能と治水・利水機能」について説明している。

「我が国の森林の実相」においては、国土面積の七割が森林であるが、「この豊かな森林をもってしても、洪水や渇水が頻発しているのが現実である」、「森林とダムの両方の機能が相まってはじめて必要とする治水・利水の機能が確保されることとなる」。

「森林の多面的な機能と治水・利水機能」については、日本学術会議の答申を引き合いに出して、「森林の治水・利水の機能については過大な効果は期待できないことが指摘されている。すなわち、無降雨日が長く続くと、地域や年降水量にもよるが、河川流量はかえって減少する場合があり、逆に、治水上問題になるような大雨の時には、洪水のピークを迎える以前に流域は流出に関して飽和状態となり、降った雨のほとんどが河川に流出するような状況となる。つまり、森林は中小洪水においては洪水緩和機能を発揮するが、大洪水においては顕著な効果は期待できない」、「これら森林の存在を前提として、治水、利水計画は策定されている」。

(2)「ダム事業を巡る世界の動向」としては、まず「ダム建設の現状」について紹介し、次いで「世界ダム委員会」の項で、「ダムの功罪」について次のように整理している。

① ダムは人類発展に重要かつ有意義な貢献をしてきた。また、ダムからの恩恵は多大なものであった。

② しかし、同時に多くのケースでは、その恩恵のために移転を強いられた住民、下流の地域社会、納税者、自然環境に負わされた負担は法外かつ不必要なものであった。

さらに、「話し合いを通じて、好ましくない計画を初期段階に排除し、問題となっているニーズを満たすための最善策として利害関係者の合意を得られる代替案を提示することにより、開発プロジェクトの効果を大幅に向上させることができる」と合意形成の重要性を提起している。

「ダムの建設・撤去を巡る世界の動向」では、いま世界的なうねりとなりつつあるダム撤去の問題について紹介している。

「世界各国ではダムの計画の見直しや、ダム自体を撤去するという動きも見られる。特に二〇世紀前半以前に建設された小規模な取水堰等、老朽化等でその機能を維持するためのコストが嵩むものを中心に、撤去される例も少なくない」とし、アメリカでも、ダム建設が減少し、また「堤高一五メートル未満の施設を中心に四六七のダム、堰が撤去されている。こうした傾向は我が国でも同様であり、堤高の低い農業用水の取水堰等について、老朽化や取水位置の統合等の理由で三二六施設が撤去されている」。

不要あるいは老朽化したダムについては、法制度、経済性や施設の機能等を総合的に評価し、「施設の維持管理を継続するか、廃止、撤去するか、判断されている」とのことである。

ダムの撤去については、ダムに反対する市民からは、早くから指摘されていたところであるが、このことを国土交通省河川局もようやく認めたことになる。

アメリカでは、高さ二一五メートルのグレンキャニオンダムの撤去がタイムスケジュールにのぼっている。いま撤去されている老朽ダムが、二〇世紀前半に建設されたダムであることを考えると、今後、我が国でも、二〇世紀後半に建設されたダムの撤去の問題が本格化してくるものと思われる。

河川審議会と河川法改正

河川行政の最初の曲がり角は、一九九七年の答申に、「総合治水」という考え方が取り入れられたときであるといわれている。

八一年の答申により、河川環境基本計画の策定が決まり、九五年の答申では、「河川環境」「住民参加」「水循環」の三つの大きい柱が立てられた。

九六年の二回の答申で、「二一世紀の社会と河川のあり方」として、治水・利水・環境をともに目指した河川整備を進めるとともに、多様な生態系を持つ豊かな自然環境としての河川を確保するため、河川制度の改正の必要を答申した。

これを受けて、九七年に河川法の一部が改正され、「河川環境の整備」と「住民参加」が、河川法に盛り込まれた。これは、河川行政の大きな転換であるといえる。

二〇〇〇年十二月には、翌年の省庁再編を控えた最後の河川審議会が中間答申を出し、「洪水との共生」の容認と、洪水時の水防のあり方、河川と市民団体との連携の積極的な取り組みを提言している。この答申も国民に好感を持って迎えられた。

この具体的な表われが、河川整備計画策定のための淀川水系流域委員会である。しかし、計画中・工事中のダムも含め、「原則として建設しないものとする」という大胆な提言は、早くもほころびを見せ始めているようである。

しかし、時代は着実に動いている。二〇〇二年十二月までに、全国で八四のダムが中止・休止となり、国土交通省河川局も、「ダム事業に関するプログラム評価書（案）」を作成し、国民にパブリックコメントを求めるという所まできている。

「評価書」にあるように、これからは、ダムからの撤退だけでなく、既存のダムの撤去にまで進んでいくことと思われる。

［注］

（1）破堤等により河川が氾濫すること（堤防で守られているところを「堤内」といい、川側を「堤外」という。「堤内」の水を「内水」、「堤外」の水を「外水」という。）

（2）堤防のある河川などで、洪水により河川の水位が上昇するとその水位より地盤高が低い堤内地では、自然排水が困難となり、浸水被害が生じる。

（3）霞堤は、堤防のある区間に開口部を設け、その下流側の堤防を堤内地側に延長させて、開口部の上流の堤防と二重になるようにした不連続な堤防です。戦国時代から用いられており、霞堤の区間は堤防が折れ重なり、霞がたなびくように見える様子から、こう呼ばれています。霞堤には二つの効果があります。一つは、平常時に堤内地からの排水が簡単にできます。もう一つは、上流で堤内地に氾濫した水を、霞堤の開口部から速やかに川に戻し、被害の拡大を防ぎます（長野県土木部河川課平成十二年二月作成「用語説明」による）。

（4）洪水調節の目的で、堤防の一部を低くした堤防です。越流堤の高さを超える洪水では、越流堤から洪水の一部を調整池などに流し込む構造になっています。ですから、越流堤は流れの作用で壊れないよう表面をコンクリートなどで覆い、頑丈な構造となっています（同上）。

（5）本堤背後の堤内地に築造される堤防のことをいい、控え堤、二番堤ともいわれます。万一、本堤が破堤した場合に、洪水氾濫の拡大を防ぎ被害を最小限にとどめる役割を果たします（同上）。

（6）ある特定の区域を洪水の氾濫から守るために、その周囲を囲むようにつくられた堤防です。輪中

図総1-2-2　手取川扇状地の霞堤群（明治時代の地形図から作成）

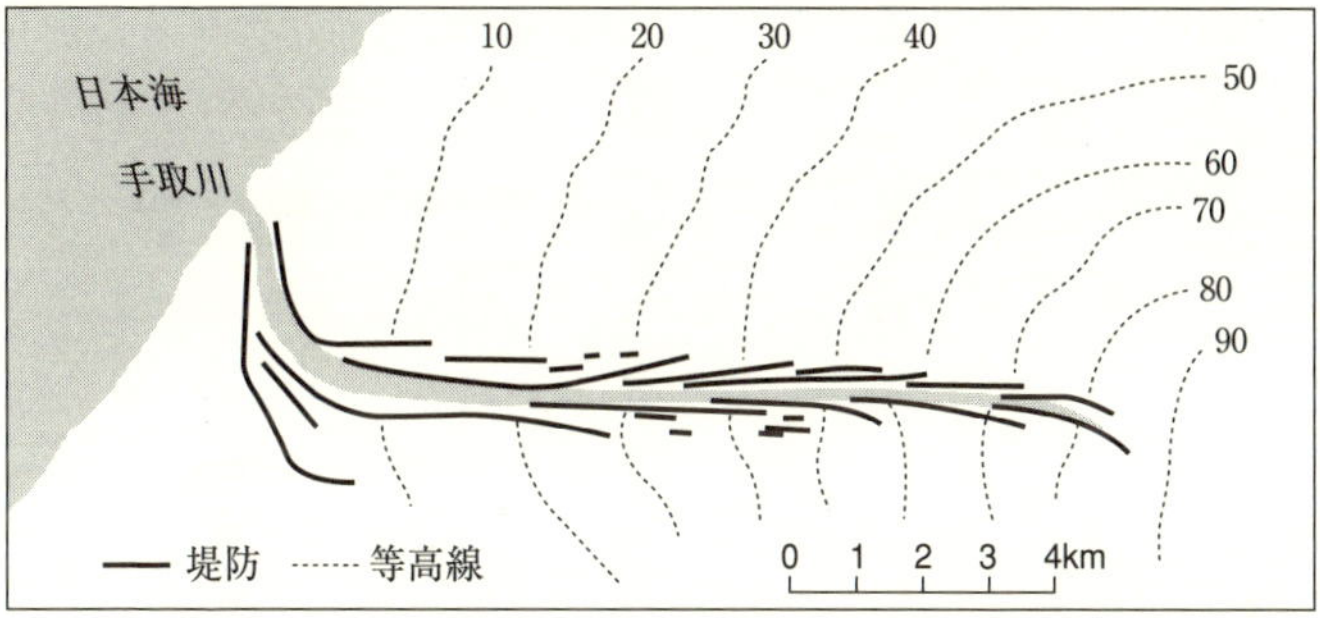

堤は江戸時代につくられたものが多く、木曽三川（木曽川、長良川、揖斐川）の下流の濃尾平野の輪中が有名です（同上）。

（7）洪水を一時的に貯めて、洪水の最大流量（ピーク流量）を減少させるために設けた区域を遊水池または調節（整）池と呼びます。遊水池には、河道と遊水池の間に特別な施設を設けない自然遊水の場合と、河道に沿って調節（整）池を設け、河道と調節（整）池の間に設けた、越流堤から一定規模以上の洪水を調節（整）池に流し込む場合があります（同上。国交省や県土木部は遊水「地」を使いますが、私は「池」を使います）。

（8）「水資源機構法」第一三条三項に「事業からの撤退」として「当該事業実施計画に係る水資源開発施設を利用して流水を水道又は工業用水道の用に供しようとした者が、その後の事情の変化により当該事業実施計画に係る水資源開発施設を利用して流水を水道又は工業用水道の用に供しようとしなくなることをいう」と規定している。

第二章

基本的課題

第一節　基本高水について

治水計画の考え方

河川法第一六条（河川整備基本方針）において、「河川管理者は、その管理する河川について、計画高水流量その他当該河川の河川工事及び河川の維持についての基本となるべき方針に関する事項を定めておかなければならない」とされている。

河川の治水を検討する場合、基本高水流量をどのように決定するかが重要であり、長野県治水・利水ダム等検討委員会（以下「検討委」という）でも、浅川・砥川《とがわ》の両部会においても、審議の多くが「基本高水（専門用語では『きほんこうすい』、一般には『きほんたかみず』という）」の論議に費やされ、答申では、二つの基本高水のどちらをとるかということで、「ダムあり」と「ダムなし」の両論に意見が分かれた（各論・第一章「長野県のダム」を参照のこと）。

雨が降ると川の水は次第に増水し、ある時点でピークに達し、雨が止むと徐々に川の水は減少する。基準地点において、時間とともに変化する川の流量値と波形をグラフで表わしたものをハイドログラフ（洪水波形）という。雨の降り方によってハイドログラフは様々に形を変える。

基本高水は、治水計画の対象となる規模の洪水のハイドログラフで表現され、ダムや遊水池などの貯留施設による調節のない、自然に流下する洪水が対象となる。「基本高水流量」というのは「対象とするハイドログラフに示される最大流量（ピーク流量）」から決定される。

基本高水をダムや遊水池で洪水調節した結果、下流河道に流下してくる洪水のピーク水量を計画高水流量という。洪水調節計画のない場合は当然基本高水のピーク流量と計画高水流量は同じものになる（『河川工学』玉井信行編、オーム社）。

治水計画を立てるにはどの程度の流量が発生するのかを推定する必要がある。このため、過去の記録に基づいて将来の洪水を推定する。

基本高水流量の決定

第四回「検討委」での配付資料四―一「基本高水流量の決定」に示された「基本高水流量を決定する流れ」（図総2―1―1）に従って基本高水の決定過程を説明する。

基本高水流量を決定するには、まず洪水防御計画規模、いわゆる治水安全度を決定する。「計画の規模を何年確率にするかは、その河川の重要度、いままでの洪水被害状況、治水工事の経済効果などを総合的に考慮して決めることになっている」（『河川工学』高橋裕著・東京大学出版会・一九九〇年）。

治水安全度というのは「河川流域の洪水に対する安全性を示す指標」であり、五〇分の一、八〇分の一、一〇〇分の一という確率を表わす数字で示される。治水安全度一〇〇分の一というのは、「平均して一〇〇年に一回おこる程度の洪水に対して安全な川」ということである。

河川の重要度と計画の規模については、『建設省河川砂防技術基準（案）及び同解説』（日本河川協会編・山海堂。以下『基準』という）に記載されているが、その基準として、河川の重要度に応じてA～E級の五段階に区分し、区分に応じて計画の規模を定めている（表総2―1―1）。「一級河川工事実施基本計画検討資料作成マニュアル（案）」（以下マニュアルという）によれば、計画規模別の評価指標の範囲は（表総2―1―2）の通りである。

図総2-1-1　基本高水流量を決定する流れ

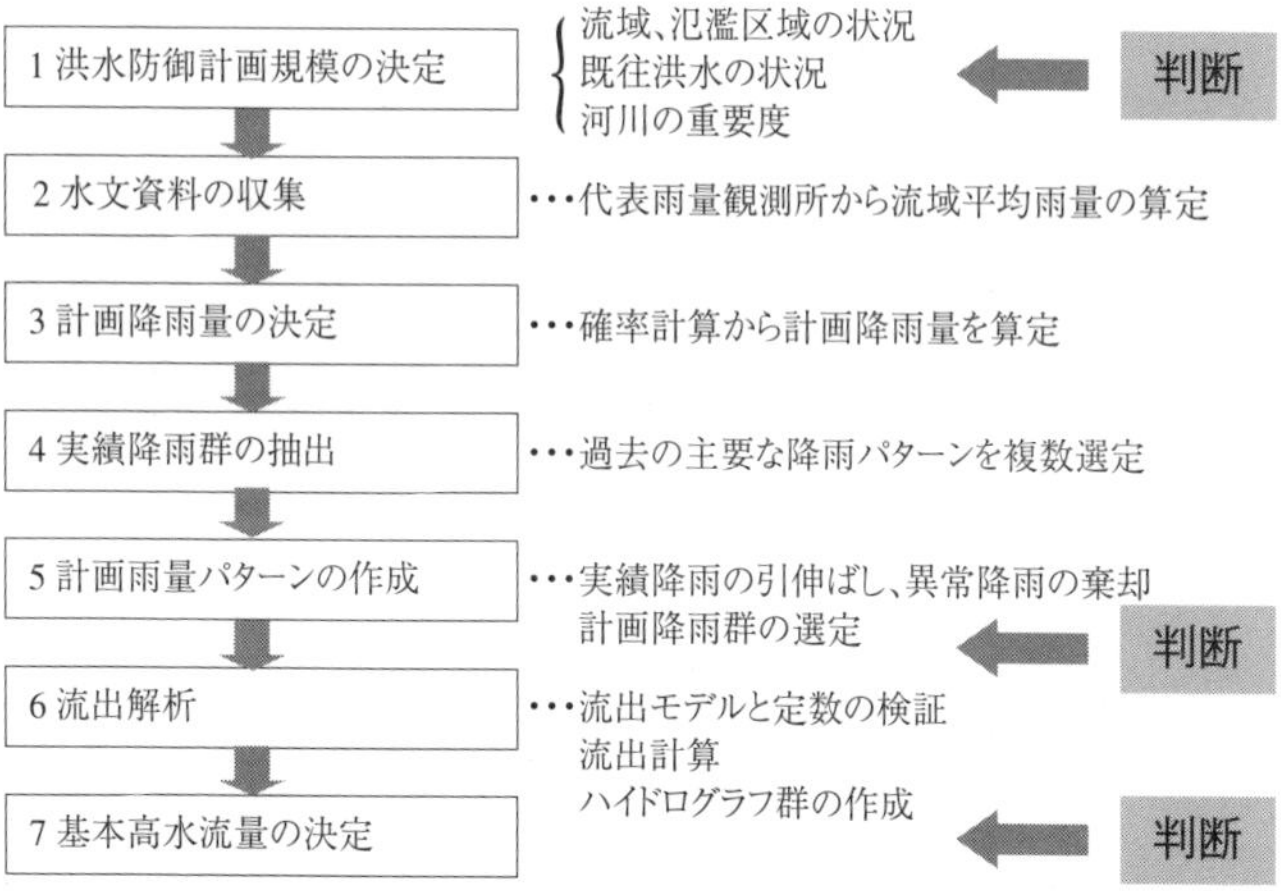

表総2-1-1　河川の重要度と計画の規模

河川の重要度	計画の規模*	備　　考
A　級	200以上	1級河川の主要区間
B　級	100～200	1級河川の主要区間
C　級	50～100	1級河川のその他の区間及び2級河川の都市河川
D　級	10～50	1級河川のその他の区間及び2級河川の一般河川
E　級	10以下	1級河川のその他の区間及び2級河川の一般河川

(*)年超過確率の逆数

表総2-1-2　実績による流域重要度の評価指標と計画規模の下限値

計画規模　T		1/30以上	1/50以上	1/70以上	1/100以上
流域面積　(km^2)		50未満	50～300	300～600	600以上
市街地面積(km^2)		10未満	10～20	20～50	50以上
氾濫面積　(km^2)		1,000未満	1,000～3,000	3,000～5,000	5,000以上
想定氾濫区域	宅地面積(ha)	100未満	100～800	800～2,000	2,000以上
	人口(千人)	30未満	30～100	100～200	200以上
	資産額(億円)	300未満	300～3,000	3,000～10,000	10,000以上
	工業出荷額(億円)	100未満	100～1,000	1,000～2,000	2,000以上

計画の規模が仮に一〇〇分の一と決まれば、次に水文資料を収集する。水文《すいもん》資料というのは「川の流量や流域の降雨量などのデータ」のことである。

洪水防御計画で最終的に利用するデータは川の流量だが、過去の洪水のハイドログラフを集めることは難しく、流量測定の記録も少ないため、過去の洪水流量から基本高水を求めることは困難である。そこで代わりに利用されるのが、観測記録が整備されている降雨データである。雨は洪水の直接の原因であるので、確率解析によって決定された計画規模の雨からハイドログラフを作り、これを基本高水とする。雨からハイドログラフをつくる過程を「流出解析」という。

計画降雨量を決めるには、収集した水文資料より、過去の雨の降り方や流域の大きさなどを考慮して、日雨量（当日の午前九時から翌日の午前九時まで）とか二日雨量、二四時間雨量などと、計画降雨の継続時間を決める。

流域内に雨量計が一つの場合はその記録がその流域を代表する平均雨量となるが、広い流域でいくつかの観測所がある場合、雨の降り方は必ずしも均一でないうえ、各観測所の配置も一様でないので、継続時間内の流域平均雨量を求めるためには、流域内にある各雨量観測所の受け持つ区域の面積を決める必要がある。ティーセン分割法というのは加重平均法ともいい、集水区域内にある複数の観測所を結んで三角形の網をつくり、各三角形の各辺の垂直二等分線を引いて全流域を分割する。各区域の観測所の観測値をもって、その地域の雨量を代表するもの

図総2-1-2　ティーセン法による雨量観測所支配域分割図

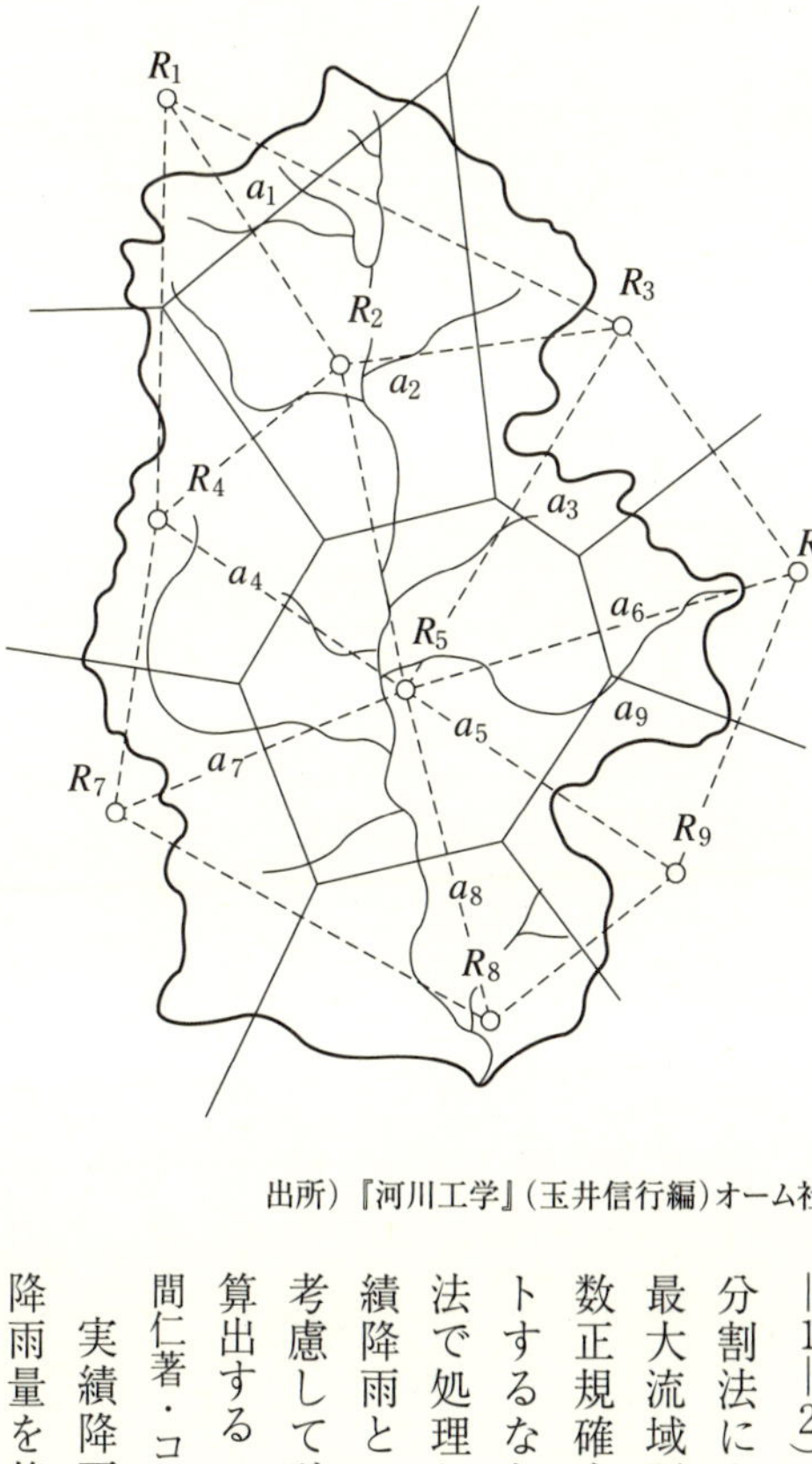

出所）『河川工学』（玉井信行編）オーム社

とし、各区域の面積と雨量から全流域の平均雨量を算出する（図総2－1－2）。ティーセン分割法により求めた年最大流域平均雨量を対数正規確率紙にプロットするなどの統計的手法で処理し、過去の実績降雨との適合性等も考慮して計画降雨量を算出する（『河川工学』本間仁著・コロナ社）。

実績降雨量から計画降雨量を算出する統計的手法には、トーマス法、グンベル法、岩井下限法などの手法があり、どれを採用するかにより、計画降雨量は変動する（後述）。

計画降雨量が決まったら、過去に当該流域で大洪水をもたらした降雨を複数選定して、実績降雨群を抽出し、計画降雨パターンを決定する。これは降雨量が同じでも、降り方によって洪水の流量が変わってくるからである。

治水安全度一〇〇分の一の場合、過去一〇〇年間のデータがない中で一〇〇年確率の計画降雨のパターンを決定するのは無理がある。多くの場合、実績降雨群の抽出で選定した実績降雨が計画降雨を下回ることになる。その場合、実績降雨群を計画雨量まで「引き伸ばし（雨量の嵩上げ）」をする。

『基準』の解説によれば、「選定すべき降雨の数はデータの存在期間の長短に応じて変化するが、通常十降雨以上とし、その引き伸ばし率（計画降雨÷実績降雨）は二倍程度に止めることが望ましい」とされ、不適当なものは棄却または修正する。

選定された実績降雨の継続時間が計画降雨のそれに一致することは極めて稀なので、実績降雨の継続時間が計画降雨のそれよりも短い場合は「実績の継続時間はそのままにして、降雨量のみを引き延ばす」。多くの場合、このパターンになる。

引き延ばしについては、Ⅰ型、Ⅱ型、Ⅲ型があるが、多くの場合はⅠ型が採用される。

引き延ばし方式は旧建設省独自の方式で一般には理解しにくいものである。

実績降雨の継続時間が計画降雨のそれよりも長い場合は「計画降雨の継続時間に相当する時

間内降雨量のみを引き伸ばし、その前に初期損失に相当する降雨量を付加するものとする」（『基準』）ことになる。

流出解析

流域に降雨があったときにどのように河川に流出するかを計算することを「流出解析」という。『基準』によれば、「計画降雨の流量への変換は、その対象とする河川の特性に応じて、一般に単位図法、貯留関数法および特性曲線法のいずれかによるものとし、洪水の貯留を考慮する必要がない河川においては合理式法によることができるものとする」とあるが、「ダムや遊水池などの洪水調節施設を検討する場合は、流量の時間的変化（ハイドログラフ）を求める必要があり、我が国では貯留関数法が多く用いられています」とのことで、貯留関数法による例が多い。

「貯留関数法は、降雨による貯留量Sと河川への流量Qの間に一義的な関数関係を仮定して、降雨量から流出量を求める手法」で、$S=KQ^p$という指数曲線の形で与えられる。

ここでの定数K、pは流域毎に設定され、流域の状況（自然流域か都市流域か）、河川延長、河床勾配等の河川の状況が反映される。過去の実測流量観測データがある場合は、その実測降雨パターンを使用した流出解析の計算結果と実測流量とを比較し、計算値と実測値が大きく違う場合は、再度定数の設定をやり直し、計算値と実測値がほぼあうまで計算する。

高橋によれば、「貯留関数法は、小数の係数で流出の非線形性を巧みに表しており、洪水流量の推定や予報に有用といえる」、「単一洪水の場合は比較的簡単であるが、ピークが複数の場合には容易でなく、氾濫する現象にまで適用するには無理な場合がある」とのことである。

『基準』によれば、ハイドログラフをピーク流量の大きさの順に並べ、数個のハイドログラフを計画として採用するが、その際、「既往最大洪水が生起したものを含み、かつ、少なくともその一つは、並べた順の中位以上のものとする。これらの諸検討の結果を総合的に考慮して基本高水を決定する。この場合ピーク流量が並べられたハイドログラフ群のそれをどの程度充足するかを検討する必要がある。この充足度を一般にカバー率という。このカバー率は、ほぼ同一の条件の河川においては全国的にバランスがとれていることが望ましい。上述の方法によればこのカバー率は五〇％以上となるが、一級水系の主要区間を対象とする計画においては、この値が六〇～八〇％程度となった例が多い」と記載されている。

選定されたn個の計画降雨パターンそれぞれについて、貯留関数法により流出解析を行ない、河川に流出する流量を計算し、ハイドログラフ群を作成する。

作成されたn個のハイドログラフ群の中から最大流量Qを一応基本高水流量「候補」とし、Qより大きいピーク流量がm個あったとして、

大洪水のカバー率（n－m）÷n×100≧50％

となれば、Qを基本高水流量として決定する。

高橋は、「カバー率が五〇%以下であれば、さらにQを大きくして、カバー率が五〇%を越えるまで同様の計算を繰り返し、最終の基本高水を求める。カバー率は六〇~九〇%が適当とされている。前述の引き伸ばし率二以上の豪雨の場合でも、ピーク流量がQを上回る大洪水があり得るのであり、カバー率という概念でその大洪水群をある程度考慮して、計画規模の安全度を高めているのである」という。

高橋の著書および『基準』を素直に理解すれば、カバー率は六〇~八〇%程度が妥当な数値と思われるが、「検討委」に示された長野県内の各流域の基本高水のカバー率は軒並み一〇〇%をとっている。全国の例でもほとんど一〇〇%であった。これは、「全国的にバランスがとれていることが望ましい」を根拠に、横並びに高値に設定したためである。

「検討委」および浅川・砥川両部会では、「カバー率を七〇%程度に引き下げれば基本高水流量も下がるので、河川改修で十分対応できるというダムなし案」、と、「カバー率の引き下げは安全度の引き下げになるので認められないというダムあり案」とで、激しい議論が交わされた。

しかし、『基準』を素直に解釈すれば、カバー率を一〇〇%とすることに合理的な理由があるとは認められない。

カバー率についての具体例は浅川ダムに例示してある。

『基準』では、カバー率は五〇%以上なら妥当で、主要区間を対象とする場合は六〇~八〇%

にすればいい、としているように思われる。しかし、ほとんどの河川で、カバー率は一〇〇％を採用している。

降雨量が同じでも、雨の降り方により流出量は大きく異なるので、最大の流出量を想定する場合はカバー率は一〇〇％となるが、同一降雨量でも常に最大の流量となるとは限らないので、平均的な流量を想定すれば、カバー率は五〇％を超えれば適切といえるのではないか。主要河川では、もう少し安全度を高くとった方がいいというのが、六〇～八〇％ということではないのか。

カバー率を高く設定すれば基本高水は引き上げられる。引き上げられた基本高水流量は、計算上では、河川で飲み込めないので、ダムでピーク流量をカットする。この論法で、これまで、各地でダムが計画されてきた。公共事業費が潤沢にあったときはこれが可能だったのだろう。

一〇〇％のカバー率を六〇～八〇％に引き下げれば、基本高水は引き下げられる。

国土交通省河川局は、「基本高水を下げることは安全度を下げることと同義である」と説明する。ということは、カバー率（充足度）という一般に聞き慣れない用語は「安全度」と同じようなものと理解できる。

一〇〇年に一度の雨が、最大の流量になるかどうか分からないときに、治水上の安全度について、一〇〇％を主張し続けるのか、ある程度の満足度として六〇～八〇％を選択するのか、これがカバー率の選択の問題である。カバー率を見直すことにより、多くの河川で計画されているダムの見直しも可能となるだろう。

治水安全度と計画降雨量の問題点

「検討委」では、相当多くの時間が基本高水の論議で費やされた。そして、長野県土木部が算出した基本高水についての多くの疑問が出され、「基本高水は科学的唯一解でなく、選択の問題である」という基本高水ワーキンググループ（一部）の「見解」が確認された。

以下、「検討委」で出された多くの問題点について明らかにする。

まず「河川の重要度と計画の規模」（治水安全度）についてである。

『基準』によれば、たとえばC級河川の計画の規模は五〇年から一〇〇年となっていて、その幅の中での判断が入る余地があり、C級河川でも八〇年確率をとっている例もある。

『基準』の解説では、「都市河川はC級、一般河川は重要度に応じてD級あるいはE級が採用されている例が多い」とされているが、D級の一般河川でも、ダムを計画している場合、C級にランク付けをして基本高水を高くするような操作が行なわれることがある。

マニュアルには、「計画規模としては一ランク上を採用することが望ましい」ともあるので、指標による計画規模の最大値が五〇分の一であり、本来河川改修のみで対応できる一般河川に、ダムを造るために、計画規模を一ランク上げて七〇分の一以上とし、基本高水を過大に設定することにより、ダムが必要と強弁する例がある（各論の東大芦川ダムの事例を参照のこと）。

このように、治水安全度は、無駄なダムの建設を促進する手段として使われている。

次に「計画降雨の継続時間」についてであるが、暦の上の一日として九時から九時をとる場合と、最大二四時間雨量をとる場合とでは、ハイドログラフが変わってしまう。一日雨量をとるか二日雨量をとるかということにも判断が入る。決定には選択の幅があるということである。

「雨量・流量の測定誤差の問題」もある。雨量は直径二〇センチの雨量計で測るが、これで何平方キロも代表させることになり、「そこにまず決定的な限界があります」、「川の流量は実験室で測っても数％の誤差があります。実際の川の場合には一割くらいの誤差があると考えられます。特に洪水になると、二割くらいまで誤差があるのではないか」、「流量というのも誤差の多いものです。ですから雨量から流量を求めるといっても、正しい値がもともとわかっていない」（大熊孝・新潟大学教授・第四回「検討委」議事録）。分割法で果たして適正な雨量を把握することができるのだろうか？　その雨量から正しい流量を求められるだろうか？

実績降雨の計画規模への引き伸ばし方法についても、大熊は「降雨継続時間をそのままに、降雨量だけ引き伸ばしたため、計画規模より高い確率雨量になってしまった」、「河川のピーク流量に支配的な継続時間における降雨強度が計画規模のそれとの間で、著しい差異がないかどうかを確認する必要がある」とし、降雨量と継続時間の関係を科学的に明らかにして、降雨量だけでなく継続時間に関しても引き伸ばすべきであろうと述べている。

先述したように、実績降雨量から計画降雨量を決定する統計的処理にも問題がある。第一九回「検討委」での薄川小グループ報告（大仏ダム）によると、当初計画ではトーマス法を採用して計画降雨量を一日雨量（九時～九時）一六〇ミリとしたが、小委員会による見直しで計画降雨量の決定方法を変えグンベル法を採用した結果、二四時間雨量二〇一ミリに修正された。

引き伸ばしにおいても、当初計画ではⅠ型により計画降雨パターンを作成し、流出解析から、基本高水ピーク流量を五七四㎥／秒としていたが、見直しではⅢ型引き伸ばしによる流出解析の結果ピーク流用は四七四㎥／秒に引き下げられた。

蓼科ダムを審議していた上川部会でも、岩井下限法を適用して二日雨量二五二ミリを採用し、基本高水を一一二〇㎥／秒に設定していたが、グンベル法に変更することにより、二日雨量二二七・六ミリに修正した結果、基本高水は約九一〇㎥／秒に引き下げられている。

基本高水が下方修正された結果、ダム計画が中止され、河川改修で対応することになった。恣意的な操作により決定されるこれらの数値を絶対的なものとすることに問題がある。

貯留関数法とカバー率の問題点

洪水時の実績流量を測定している河川は少なく、あるとしても、最近測定されるようになったという程度であり、ダム建設を計画している河川でもほとんど無いというのが実状である。このため、流量解析にあたり使用されるのが、雨量を流量に読み替えるという便法であり、その手法の一つが貯留関数法である。

貯留関数法の考え方は、「貯留効果を考慮した非線形の運動の式を時系列の連続式に当てはめたものであり、降雨からの流出計算法と河道の貯留効果計算法の二通りのモデルがある」とし「(運動式$S=KQ^P$)で表される貯留関数の定数Kおよびpの値は、各流域固有の値であり、雨量からの計算流量と実測流量の整合から試算により求めなければならない」(『河川工学』玉井信幸編・オーム社)とのことで、降雨による貯留量Sと、河川への流出量Qの間にある関数関係を仮定して、降雨量から流出量を求めるやり方であるが、この関数で使われる定数、Kとpの決め方にも問題がある。

Kとpをいろいろ変えながら、計算により求められたグラフ上の計算値と過去の流量観測の実測値とが整合(うまくあてはまる)するような定数Kとpを求める。計算により求められるグラフのほとんどはピークが一つであるので、ピークが複数の場合の適合率は悪い。いくつかのパターンにあてはまるKとpを使ってその流域固有と思われるハイドログラフを作成する。なかなかうまくあわないが、都合良くあてはめて設定されたKとpによる運動式をその流域における雨量と流量との関係とする。

計画降雨群から流出解析によりハイドログラフが作成されるが、大態は、その流出計算結果の流量に二倍から三倍の幅があることを指摘し、「この計算結果が、せめて四〇％～五〇％程度の範囲におさまっているならば、科学的といい得るかもしれないが、これでは開きが大き過ぎ、科学的に判断できる範囲を越えている。それゆえ、たとえ計画規模を変えて計算したとしても、計算結果の流量は他の計画規模の計算結果と重複部分が大きく、流量での確率議論を無意味なものにしている」ことを問題点としてあげている。

浅川の場合、一〇パターンで、最小は二二六㎥／秒、最大は四四〇㎥／秒と約二倍、砥川の場合、一七パターンで最小は九九㎥／秒、最大は二七六㎥／秒で約三倍となっている。

大熊が指摘するように、二倍ないし三倍の範囲で各洪水のピーク流量が算出されるが、このどれを基本高水にするかに選択の余地がある。これを補正するのがカバー率である。

『基準』では、基本高水のカバー率は五〇％を超えれば妥当とされているが、多くは最大値（一〇〇％）をとっている。浅川ダムでも、基本高水を四五〇㎥／秒としているが、これは一〇〇以上である。基本高水を大きくすることにより、治水の危険性を高く設定し、これを防ぐためにはダムを造ってピーク流量をカットする必要があるという論法である。

基本高水神話の崩壊

「検討委」で示された資料、「『基本高水』に関する考え方～基本高水は科学的唯一解でなく、選択の問題である〜基本高水ワーキンググループ見解（大熊・高田）」によれば、「基本高水を決定する過程は、雨量・流量の測定誤差の問題に始まり、計画規模をどの程度にするか、流出計算のパラメータをどのように選定するか、計算された複数の結果からどれを選択するか、などさまざまな判断が入るものであり、科学的に正しい唯一解が客観的に存在するもので無く、『治水安全度をどのように設定するか？』という選択の問題であることをまず認識しておく必要がある」としている。以下、基本高水ワーキンググループ見解を引用する。

「従来の河川計画では、予算が潤沢であったこと、河川環境への配慮が計画目的に入っていなかったことなどから、実態としてはほとんどの河川でカバー率一〇〇％としてピーク流量が最大のものが採用されてきた。そして、カバー率を一〇〇％にすると河道の設計規模が大きくなるので、ほとんどの河川でダムを計画せざるを得ない状況になっていたのも事実である（ただ、カバー率八〇％程度のものや既往最大を基本高水に採用している一級河川も存在していることを付言しておきたい）。以上のことを考慮すれば、財政の問題や、河川環境の保全、特にダムの堆砂の観点から、ダムに依存しない洪水防御計画とするならば、超過確率年を変えずに、一〇〇％以外のカバー率を採用することによって、『河川砂防技術基準（案）』に則った形で、別の基本高水を選択することは可能である」、「基本高水を下げるにあたっては、カバー率をどの程度にするかが問題であるが、できれば合理的な目安があると良いと考える。計画降雨群を選定する時、実績降雨パターンを計画降雨規模まで引伸ばしている。その引伸ばし率は二倍以下という制限があるが、この二倍以下という数値は合理的な根拠があるというものではない。この引伸ばしは、降雨継続時間を固定したまま、総降雨量を計画降雨まで引き伸ばしているものであり、降雨継続時間まで考慮に入れて引き伸ばされた降雨の確率を再評価すると、計画規模を超えるものも存在している。換言すれば、引き伸ばしによって、統計学上母集団の異なる標本になっている可能性が高いのである」

大熊によると、「いままでの基本高水を計算する時に、過去の実績降雨パターンを確率規模まで引き伸ばすというところに一つの問題があります」（第九回検討委・議事録）とのことで、「基本高水算出方法の主要な問題点とその解決方法について」（第九回検討委・資料四—二）を提示した。大熊は、計算で出された基本高水が二〜三倍の開きがあることを指摘し、「いままでは財政的にも余裕があり、できるだけ安全であればよいだろうということで、いわゆるカバー率一〇〇％ということで一番大きいものをとってきた場合が非常に多い」が、各地のダム問題で「基本高水が高すぎる、高すぎないという議論で問題が沸騰している」現状を認識した上で、基本高水の選び方についての意見を述べている（第九回検討委・議事録）。

カバー率の合理的な目安

県河川課は、「大熊・高田委員報告に対する県の見解」（第一〇回検討委に提出）として、浅川の隣の裾花川にある奥裾花ダムでは、現実に、同じ程度の雨量でも二～三倍の流入量があるというデータを示して反論を行なったが、大熊はこの時の降雨パターンを提示させ、雨の降り方の違いを指摘し、一日降雨量が同じでも、一日ダラダラと降った時と、短時間に集中して降った時では、ピーク流量には大きな開きができるが、この点を明らかにせず、流入量の開きが大きいことの正当性を主張しようとした県の姿勢を、「問題がある」と批判した。

高田も、「降雨パターンというのは、決定的な流出量、流出結果をもたらすと思います」、「まったく同じ雨、降雨パターンの場合だったら、せいぜい二割くらいしか変わらないわけです」。『基準』の付帯条項に六〇～八〇％くらいと書いてあるのは、「極端な降雨パターンをとったり、極端な値にならないよう」「言外にそれくらいが本当の値ですよというようなサジェスチョンが入っているわけです」、「一〇〇％のカバー率というのは、この確率計画規模を決めるより、はるかに大きな影響力を出すという点に基本高水の決め方の大きな矛盾というか、無理がある」、「極端な場合をはずしていって、それをのぞいたうちの大きめの値をとるという、そういう方法しかないと思うのですね」(第九回検討委・議事録)と、大熊提案を支持している。

統計的手法により一〇〇年に一回の計画降雨量が算出されたとしても、雨量パターンによりピーク流量は大きく変わるものである。計画降雨量が短時間に集中的に降った場合はピーク流量は大きくなる。ダラダラと一日中降った場合はピーク流量は比較的低い値になる。たとえ一〇〇年に一回程度の日雨量があったとしても、その降雨パターンはいろいろであるので、ピーク流量に二〜三倍の開きが出るのは予測できる。

カバー率というのはこの開きを補正するもので、時には短時間に降るかも知れないが、もしかしたらダラダラと降り続くこともあるので、これをどの程度見れば安全性が充足されるかを判断し、少なくとも五〇％以上、主要河川では六〇〜八〇％程度を見ればよしとしているのであろう。

カバー率を一〇〇％とすることは、一〇〇年に一度の雨が短時間に集中的に降ることを予想した極端な場合であり、安全性を過度に評価した結果である。

財政面、環境面等から総合的に判断すれば、カバー率の合理的目安は、中程度の降雨パターンを想定し、『基準』の付帯条項にあるように、六〇〜八〇％を選択することが妥当であろう。

これにより多くの河川の基本高水は引き下げられ、ダムによらない総合的治水が可能となる。

基本高水はこれまで聖域であり、我々部外者の手の届かぬ所にあった。

これまで、基本高水の決定に当たり、数々の判断が入り、それを河川技術者の恣意的な選択により高く設定することにより、ダムの必要性の拠り所とされてきた。

いまや基本高水の神話は崩壊した。

基本高水は住民による選択に委ねられるべきであり、河川環境に配慮した河川管理を考えるべきである。

第二節　森林の公益性と緑のダム

森林の効用について

森林には、「水源涵養」、「土砂流出防止」、「土砂崩壊防止」などの公益的な役割のほか、自然環境を守り、快適な環境を形成し、野生動植物に生息の場を与えるなどの効用がある。

森林の公益的機能の発揮に大きな役割を占めるのが、森林土壌である。

森林土壌は多くの孔隙《こうげき》（すき間）があるうえ、落葉落枝《らくようらくし》や林床植生が土壌の表面を保護するので、降った雨の大部分は土の中に浸透する。そのため、雨水が地表を流れることは少ないので、「表面侵食」はほとんど起こらない。山腹斜面上に存在する森林も、樹木の根系が表層土を斜面につなぎ止めるので、「表層崩壊」を防いでいる（基盤岩や厚い堆積層が崩れる深層崩壊は防げない）。豪雨の際に発生する崩壊はほとんど「表層崩壊」なので、森林には侵食防止機能がある、といわれる。表層土を保全することは、有機物に富む土壌層が流出するのを防ぐので、森林の生産力の維持にも極めて有効である。これを「国土保全機能」という。

「水源涵養機能」としては、洪水緩和機能、渇水緩和機能、水質保全機能が上げられる。
洪水緩和機能というのは、森林が雨水を貯め込むことで洪水流出のピーク流量を減少させ、ピーク流量が発生するまでの時間を遅らせ、さらには緩やかに減水させる機能であり、雨水は森林土壌中に浸透し、地中流となって流出してくる。

水資源貯留機能は、雨が降らなくても、河川の流量が比較的多く確保される機能で、森林があることによって安定な河川流量が得られる機能である。森林が流出を遅らせることは、無駄に流れる水を少なくし、利用可能な水量を増加させるので、水資源確保上有利である。

森林の洪水緩和機能の定量化は、森林の有無を比べたり、森林伐採等の前後において降雨に対するピーク流量や、降雨からピーク流量発生までの時間差を比較するなどの方法でなされており、少なくとも調査対象流域においては、ピーク流量の減少や時間的な遅れが見られるなど、洪水緩和機能の存在が実証されている。

以上の機能は、伐採前の森林からの流出と、森林を伐採した荒廃流域からの流出とを比較した研究（対象流域法）により明らかにされていて、これらの機能を『緑のダム』という。

しかしながら、大規模な洪水では、洪水がピークに達する前に流域が降雨により飽和に近い状態になることもあるので、このような場合、「ピーク流量の低減効果は大きくは期待できない」し、降雨量が大きくなると、森林のもつ洪水緩和機能の効果はあまり期待できない、とされている。そのため、「森林は中小洪水においては洪水緩和機能を発揮するが、大洪水においては顕著な効果は期待できない」ともいわれる。

森林の機能でカバーし得ない流況変動に対して立てられる治水計画、利水計画は、「あくまで森林の存在を前提にした上で治水・利水計画は策定されており、森林とダムの両方の機能が相まってはじめて目標とする治水・利水安全度が確保されることになる」として、森林のもつ自然的な調整と、ダムによる人工的調整を、車の両輪に譬えている。

以上が、日本学術会議の答申「地球環境・人間生活にかかわる農業及び森林の多面的な機能の評価について」（平成十三年十一月一日）のいう森林の効用である。

〝緑のダム〟についての一つの見方

〝緑のダム〟としての森林が人工のダムに替わり得るかということについては、いろいろな見解が出されている。森林の機能はオールマイティーではなく、その働きには限界があるので、これまでは、洪水対策、渇水対策として人工のコンクリートのダムが造られてきた経緯もある。しかし〝緑のダム〟としての森林の効用を過小評価することにより、必要以上にダムに頼る結果になったのではなかろうか。

水資源開発公団（現・水資源機構）のホームページに「水レター」というのがあり、二〇〇〇年二月二十一日の№7には、「治水面から見たダムの必要性と『緑のダム』の効果」という記事が掲載されている。ここでは、日本の雨には「時間的、地域的集中」という特性があり、かつ、日本の川が「短くて急流であること」により洪水が起こりやすいので、ダムにより「洪水を一時的に貯め込んで川の水量を減らす」必要があるとしている。

「なぜ、森林の整備ではなく人工のダムを造る必要があるのか」ということについては、ダムの流域のほとんどはすでに森林になっているので、「日本の治水計画においては、森林の効用はすでに折り込み済みであり、これを前提条件としてダムなどの計画が造られているのです」、「多少の雨では森林は水を貯め込んでくれますが、その能力には限界があります。治水計画の対象となるような大雨のときには、洪水がピークを迎える前に、森林土壌は飽和して雨のほとんどが川に流れ出てしまう状況になると考えられ、森林の洪水緩和能力に大きく期待することは無理といわざるを得ません」として、治水面での人工のダムの必要性を述べている。

「利水面から見たダムの必要性と『緑のダム』の効果」では、「一般に、森林が豊かになるほど川のトータルの水量は少なくなるといわれています」、「これは、樹木が増え、葉の総面積が増えるほど、葉の表面や樹木内部からの蒸発散量が増えるので、その分、川に流れ出る水量が減ってしまうためです」、「森林の利水機能に過度に期待して『森林を整備すれば水資源開発は不要である』とは到底いえません」として、利水面でも人工のダムが必要であるといっている。

二〇〇〇年十二月六日の№11には、『ダムと森林』として、「治水対策、水資源開発ともに、緑のダムと人工のダムとの連携が重要であり、緑のダムがあっても人工のダムは必要である」

とし、「なぜ緑のダムだけではだめなのか」ということを以下の通り説明している。

まず「森林の洪水緩和効果には限界」があるとして、「森林にはある程度、河川への流出量を平準化するという意味での保水能力があります」が「一〇〇年に一回発生するような大規模洪水を引き起こすほどの大雨に対してはあまり大きな効果は期待できません。そのような大雨では洪水のピーク以前に森林土壌の保水能力が飽和して、降った雨は、ほとんど時を移さず河川に流出してしまうと考えられるからです」とし、「森林の有無による流出量の違い」の図（図総2―2―1）を示し、森林があると「渇水時にはかえって流量は減少する」と説明している。

「それでも、もし森林を大々的に増やすことができる場合には、少しは効果的かもしれません」が、「日本の森林面積をこれ以上飛躍的に増加させることは大変難しいと思われます」、「したがって、森林の整備のみでは、計画上必要とする洪水緩和効果を期待することはできず、人工のダムが必要となるのです」と述べている。

「森林の増加と河川への流出量」について、「成長した森林については、豊水時には河川への流出量を増加させる傾向にあり、渇水時にはむしろ河川への流出量を減少させるということが観測されています」から、「いくら森林が整備されていても、降雨が一ヶ月以上にもわたり極端に少ない場合には、人工的に水を貯めておくことなしに渇水に対応することは出来ません」として、人工のダムによる水の確保の必要性を述べている。

二〇〇一年三月二十六日のNo.12でも、「再び〝ダムと森林〟について」として説明している。

ダムの治水計画においても、利水計画においても、「森林本来の保水能力が適切に保全されていることを前提として策定されます」として、森林水文関係の研究者のコメントを引用して、森林の持つ機能を評価をしたうえで、「森林＝緑のダムと人工のダムとは『車の両輪』の関係にあることを理解していただきたいのです」と結んでいる。

水レターについての見解

森林の水源涵養機能は、森林の量によるのではなく、森林の〝質〟、さらにいえば森林土壌の〝質〟が問われるので、森林面積をただ増やせばいいというものではない。

日本の森林面積は、統計上は量的にはほとんど増減がないが、〝質〟が低下したときには大水害が発生している。江戸時代は、人々は、燃料、肥料、飼料その他生活のすべてを山に依存していたので、里山は荒廃し、至るところ〝ハゲ山〟となり、庶民は水害に苦しめられたという。

明治期前半は、それまでの藩の森林管理がなくなり、ほぼ無政府状態だったために、森林の乱伐が行なわれ、森林は荒廃した。このため、明治中期には各地で大水害が発生した。

この対策として一八九六（明治二十九）年に河川法、一九九七（明治三十）年に砂防法と森林法が制定された。これを「治水三法」という。

国有林では、一九九九（明治三十二）年より特別経営事業を展開し、〃ハゲ山〃となった官有林の造林事業に取り組み、これにより、各地での水害の発生が減少した。

第二次世界大戦時の森林乱伐により、日本の森林は再び荒廃した。一九四七（昭和二十二）年には、全国で一五〇万町歩の裸山（造林未済地）が残されていた。このため一九四七（昭和二十二）年にはカサリン台風、一九四八年にはアイオン台風、一九四九年にはキティー台風が相次いで大水害をもたらした。

この時期は、戦時伐採による森林荒廃が著しかった上、一方で、河川改修等の事業がほとんど進展していなかったので、災害の規模が大きくなったといえる。

戦後の林政は造林事業が中心となり、一九四八（昭和二十三）年には「第一次治山五カ年計画」が策定され、一九五一年には森林法の改正、一九五四年には「保安林整備臨時措置法」と治山対策が講じられた。この結果、一九五五（昭和三十）年には、一五〇万町歩（ヘクタール）の造林未済地の造林がすべて完了し、森林の公益的機能の面での効果が高まり、一九五八年の狩野川台風、一九五九年の伊勢湾台風を境に、一九六〇年代後半以降には、被害が人命に及ぶような大水害はほとんど発生しなくなった。

国土交通省河川局は、いまもって、戦後の一時期の、造林未済地という裸山が一五〇万町歩もあったときの状況を前提にダムの必要性をいうが、いまは日本の森林は整備され、一方、戦後六〇年の河川行政の成果として、河川改修も、ダムの建設も進んでいるので、治水の面からいえば、これ以上ダムを建設する必要はない。

森林の補完物として治山・治水の工事が必要の時もあるが、それは山腹工、渓間工、治山堰堤、などのごく小規模な構造物で十分で、堤高一〇〇メートルというような大規模なダムは必要ない。

森林の蒸発散の影響により、渇水流量(注1)以下では流量を減少させる場合があるが、その絶対量は後述するごとく、ごく僅かである。雨が降らなくなれば河川流量が減少するのは当然のことで、雨が降らなくても河川に水が流れているのは、森林に貯留された地下水が流出しているからで、地下水逓減曲線（図総2―2―3）を見ると、夏場で五〇日、冬場でも八〇日以上、地下水の流出がある。

水レターには、「日本の森林をこれ以上飛躍的に増加させることは大変難しい」とあるが、森林の手入れにより孔隙バランスのとれた土壌が造成され、林齢が高くなれば、土壌も厚くなり保水力も増す。日本の森林の〝質的な向上〟を図ることは可能であり、現に着実に質的向上を続けている。

異常な豪雨の場合には、林地それ自体が崩壊する事例もあるので、森林の治山治水機能が絶対的なものだとは必ずしもいえないが、一〇〇年確率程度の降雨には十分対応できる。

樹木の蒸発散による水量の減少は、通常時はまったく問題にはならない。後述するように、むしろ森林内の小さな水循環が、陸域の〝海〟として、森林地帯の増雨につながるものである。

図総2-2-1　森林の有無による流出量の違い

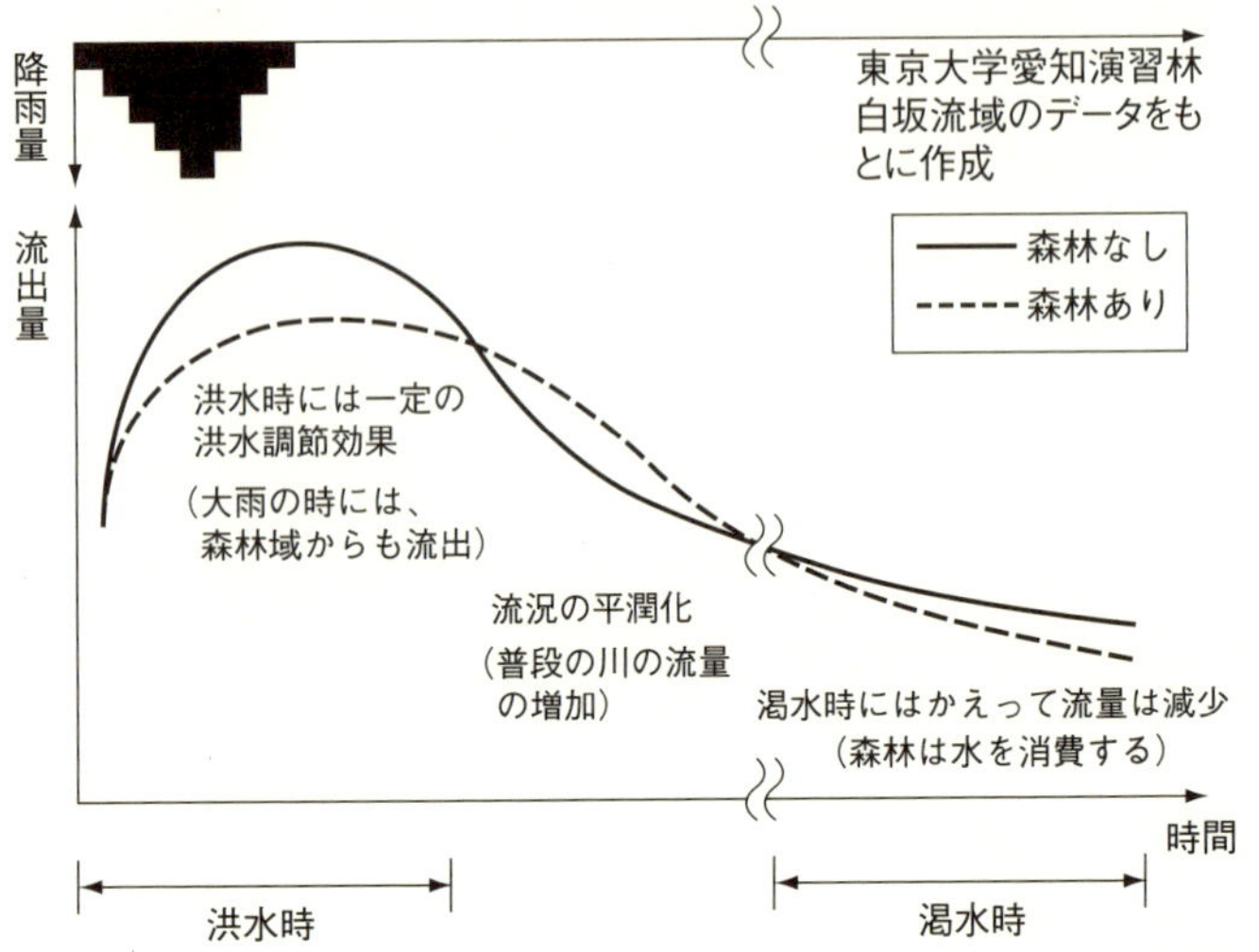

国土交通省のホームページ（2002.02.05）より

無降雨日の渇水状況を表わす「森林の有無による流出量の違い」の図が「水レター」および国土交通省のホームページに掲載されている（図総2―2―1）。この図には単位がふってないので分からないと思うが、縦軸の単位は対数である（なぜ、単位をつけなかったのか?）。この図は森林は水を蒸発させるため、渇水時にはかえって流量を減少させていることを示している。

これをみるとやはりダムの方が渇水対策になると思ってしまう。しかし、この図の元になった東京大学愛知演習林の図（図総2―2―2）と比べて見て欲しい。対数で表わされている渇水量の低下は絶対量ではごくわずかなことが分かると思う（一オーダー小さい）。

図総2-2-2　森林の成長に伴う流況曲線の変化
（東京大学愛知演習林　白坂流域）

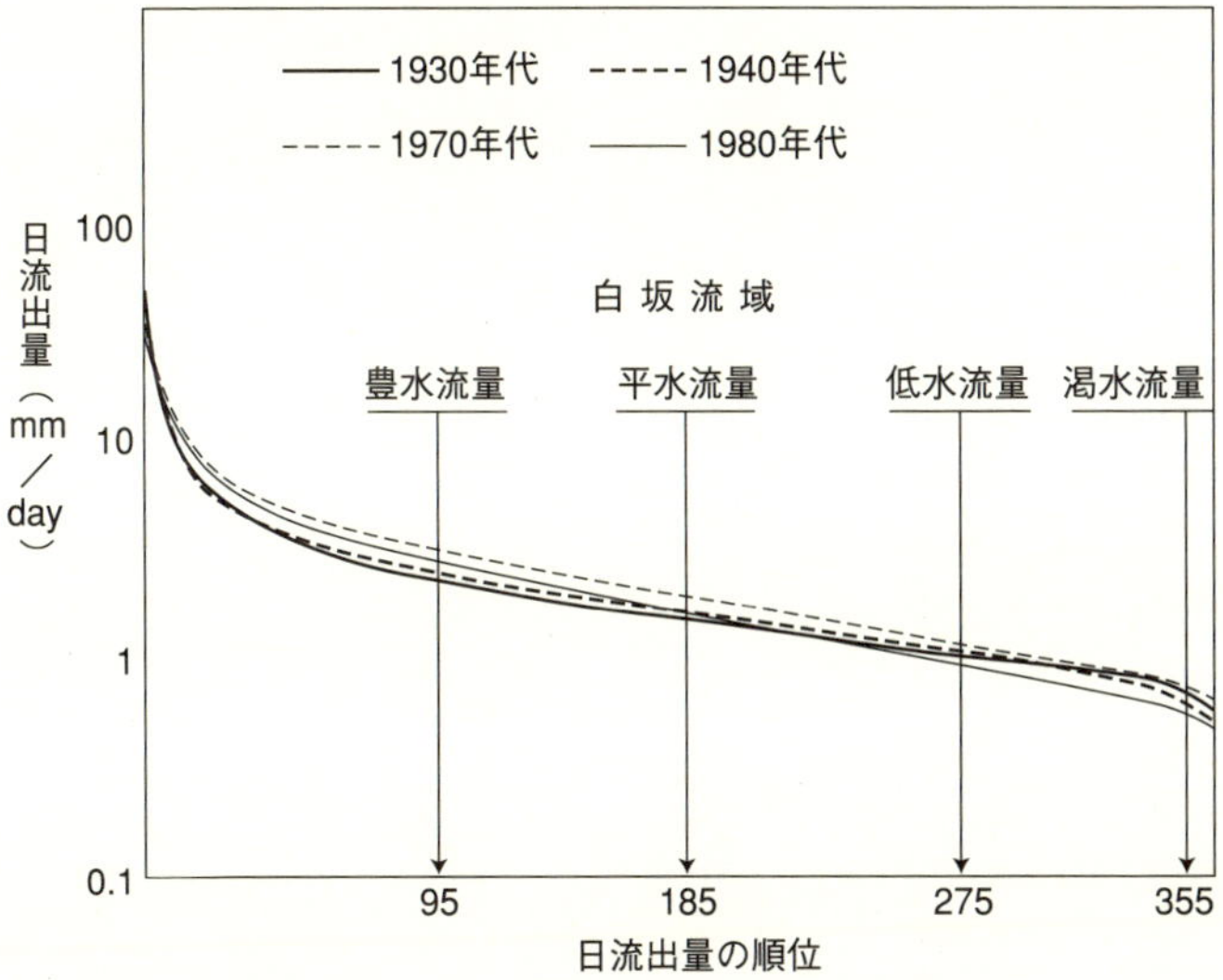

森林水文学の面から見た〝緑のダム〟

太田猛彦東大教授は、「森林と水と都市」（森林文化研究・第十七巻・一九九六年）において、森林水文学者の立場で「森林と水」について以下のように論じている。

森林の水源涵養機能としてまず「洪水緩和」を取り上げている。

洪水緩和とは、通常、洪水ハイドログラフにおける「ピーク流量の低下」と「直接流出量全体の減少」という二つの現象を指すことが多い。このことについて、一九七〇年代に物理水文学の手法が導入されたことにより、ほぼ全容が解明された、とのことである。すなわち、

「土壌の保水容量の増大を通して、直接流出に向かう降雨成分を減少させ、森林土壌の流出遅延効果によってピーク流量を減少させて、洪水を緩和する。特に後者は、森林による『(直接)流出の平準化』作用として重視されている」ということになる。

このことを「流域試験で直接確かめることはなかなか難しいが、観測現場での体験を踏まえて総合的に判断すれば、最近約三〇年間における日本の森林の著しい成長によって、森林の洪水緩和機能も次第に向上しているとみてよいだろう」と述べている。

太田は、東京大学愛知演習林での観測結果から「森林の成長による流出の遅延効果は流況曲線における低水流量付近にまで及んでおり、『利用可能な水』の増加は確実なようである。したがって、緑のダムの効果も発揮されていると言ってよい」といっている。

しかし「森林は蒸発散作用により水を消費しているという明白な事実がある。したがって、水収支上は、森林は水資源確保にとってマイナスの効果を持っている」とし、対象流域法による森林流域試験の結果として、「①森林を伐採すると年流出量は必ず増加する、②増加量は伐採率、すなわち葉量の減少率に比例する、③同じ伐採率では、針葉樹は広葉樹に比べて伐採後の増加量が大きい」とし、森林からの蒸発散量は浅い水面からの蒸発量よりも大きいので、「水資源を考える上で森林の蒸発散作用は無視できない要素である」と指摘し、「森林は主に流出の平準化作用により利用可能な水を増加させるが、一方で、水収支的には、蒸発散作用により水資源賦存量を減少させている」とまとめている。

太田は森林の水質浄化機能についても言及している。

渓流の水質が良好であることの内容として、①濁りがなく清澄であること。②中性に近いpHをもつこと。③無機態窒素をほとんど含まないこと。④リン、有機物、微生物なども少ないこと。⑤適度のミネラルを含むこと。をあげ、水質が良好な理由として、①根本的には森林への負荷量が少ないこと。②土壌浸食が発生しないこと。③森林での物質循環は内部循環が活発な割には外部循環が小さいこと、をあげている。

太田は、「大きなダムが存在しない流域では、水源森林の渇水緩和機能と下流域の渇水回避が直接結びつく」とし、森林の渇水機能について、東京大学愛知演習林の流域の変化より、「森林は、主に森林土壌の流出遅延効果により直接流出を平準化し、利用可能な水の量を増加させるが、一方で蒸発散作用により、水資源賦存量を減少させている。前者の効果が基底流出《きていりゅうしゅつ》、特に渇水流量の増加にまでおよべば、たとえ水資源賦存量を多少減らしても森林の渇水緩和機能は極めて有効である」と限定的ではあるが評価している。

森林の蒸発散により、降雨の三〇～四〇％が失われても、森林土壌の貯留能力により、雨が降らなくても地下水からの流出により、渇水を緩和させる働きがある。

このことについて、太田他は、演習林での過去七〇年におよぶ精密なデータから、低水流量から渇水流量にかけての流出に及ぼす森林の影響について、以下のような考察を行なっている。

森林の成長が流況に与える影響について、演習林白坂流域を対象として検討した結果、①森林の成長により、流出は増加している。いわゆる緑のダムの機能は増強されている。②したがって、森林の流出量平準化の効果は基底流出の範囲に及んでいる。③低水流量付近では必ずしも流量は増加していない。④年降水量が少ない年は渇水流量が減少する可能性が大きい。

これらの流況曲線を用いた研究結果を総合して、森林が低水流出に及ぼす影響として、太田は、以下のようにまとめる。

①主に森林土壌の働きによる流量の平準化の効果は直接流出ばかりでなく基底流出にまで及び、平水流量はもとより低水流量までも増加させることが出来る。②しかしながら、蒸発散の影響により渇水流量以下では流量の増加が認められないばかりか、絶対量としては僅かではあるが、流量を減少させる場合がある。

渇水流量以下では減少することは認めているが、絶対量としては僅かであるといっている。

愛知演習林三流域のデータを用いて、低水流量から渇水流量にかけての流出に及ぼす森林の影響を中心に、森林の成長が流況に与える影響を検討した『森林の成長が流況に与える影響――東京大学愛知演習林森林流域試験データの読み方――』（太田ほか・東大演習林報告）でも、「三流域とも豊水流量、平水流量が増加している」、「渇水流量近傍では一部に流量の減少が認められる。とくに年降水量の少ない場合に顕著である」が、「渇水流量の減少傾向は豊水流量に比べて一オーダー小さい話しなので、（豊水流量等の増加を考慮すると）森林の水資源涵養機能の有効性は十分認められる」と記載されている。

森林と水循環——緑のダムと緑の蒸発ポンプ

塚本良則東京農工大学名誉教授は、水循環における森林の役割として以下のようにいう。

①降水のほとんどすべてを地中流とする（降水の地中流下の機能）、②大量の水を蒸発散により大気に送り、地球の水循環を駆動させて陸域の〝海〟として機能している（緑の蒸発ポンプの機能）、③地中流の多くを土壌の小孔隙を通しての遅い流れに変化させる（緑のダムの機能）、④地中流としての斜面流出過程で、雨水水質から河川水質に変化させる（水質形成の機能）。

このような森林の機能により、地表の生物や人間は以下のような恩恵を受ける。

①降水の地中流化により、地表の浸食が防がれて、森林の成立→土壌形成→現在の生物・人間の生存が可能な穏やかな地表環境がつくられる。②緑の蒸発ポンプによる蒸発散潜熱の消費により、地表の熱環境の緩和に貢献している。③蒸発散を原因とする、大量の水消費による河川流量の少量化と、緑のダムの調節による河川流量の平準化作用により、穏やかな河川環境をつくる。④適量のミネラルと有機質を含む、浄化された清浄な河川水質を形成し、人間と河川生態系の生存に必要な水を供給する。

塚本は、水環境における森林の機能を、「緑の蒸発ポンプが河川水の総量とその時間配分の総枠をまず決め、次に緑のダムがこの総枠に従って、その貯留機能により河川への流出の時間配分の細部を決めている」として、森林には、〝緑のダム〟の機能と〝緑の蒸発ポンプ〟という機能があるというユニークな発想を提起している。

塚本は、〝緑のダム〟について以下のように述べている。

「緑のダムとしての潜在容量の大きい斜面は、団粒構造が発達するような適潤域から、やや乾燥気味ではあるが疎水性をもたない土壌が分布し、かつ土壌深が大きく、浅い飽和面をもたない斜面部分である。これは同時に植物の生育にも適している斜面でもある。結論としては、植物が旺盛に成育できる土壌は緑のダムとしての機能も高いとみてよい。但し、緑のダムとしての機能の小さい土壌を機能の大きい土壌に変換できる林業技術を、われわれは現在も持ち合わせていない」として、緑のダムの機能を高める即効薬はないことを指摘している。

「斜面に森林土壌が発達し、その厚さが一メートル以上になると、雨水の貯留能力が非常に大きく、それが十分に発揮されれば、一〇〇ミリぐらいの降雨があっても川の水が増水することがなく、ましてや洪水など起こるはずがないということになる。しかし現実には一〇〇ミリの降雨があると、厚い森林土壌をもつ流域でも著しい増水をみるのが普通である。この原因は、森林土壌がつくる緑のダムは潜在孔隙容量はあっても、それが水で満たされていれば貯留能力がなくなるという当たり前の事実にもとづく」として、緑のダムとしての機能は、降雨前の森林土壌における水分の飽和の状況にも左右されることを注記している。

日本の山地における森林施業と流量変化の予測として、「高標高山地は自然林が多い。気象が厳しく、降水量の多い高標高山地では土壌を保全し、それによる流量の平準化を期待し、森林はあまりいじらずに、自然林を育成するようにする。一方、スギ、ヒノキなど水消費の多い針葉樹人工林で構成される低標高地では、森林密度をできるだけ減少させて、蒸発散を抑制する森林施業をきめ細かに実施する」ことを勧めている。

新しい水源涵養として、「現在の問題は緑のダムにあるのではなく、大面積を占め、緑の蒸発ポンプとして、水消費の大きい人工針葉樹林の蒸発散をどう制御するかにある。見事なスギ壮齢林で覆われた山あいの谷川で、古老が、『ここも黒木《くろき》になってから川の水は少なくなりましたよ』と語るのを何人かから聞いたことがある。水源涵養林技術は、これらの基本的枠組みの上に立って、組み立てなければならない」、「林業技術者が最も得意とする技術は、森林密度の管理である。緑の蒸発ポンプは森林密度に密接に関係し、われわれはこれを通してポンプの能力をコントロールできる。緑のダムという点では、現在の森林土壌はその機能を十分発揮するようになっている」、「今後の課題は、緑のダムの機能発揮の上に立って、水資源確保のために緑の蒸発ポンプにかかわる葉量や樹冠構造を、樹種変更や本数密度管理を通してコントロールすることにある」として、黒木（針葉樹）への対応について、林業技術者の今後に期待している。

塚本は、水源涵養林を、「適切な森林施業によって総流量（年流量）の増加が期待され、同時に流量の平準化が期待される森林」と定義し、これは、「荒廃に向かいつつある現在の人工林を整備するための技術目的にも、また水資源確保を願う社会の要請にも合致する」（以上、『森林・

水・土の保全』塚本良則・朝倉書店より）としているが、望ましい形の「水源涵養林」の造成は至難の業である。

塚本も、「洪水防止の立場からは蒸発散量が大きく、先行土壌水分不足を大きくする森林が望ましい。一方、水資源の面からは、どちらかというと蒸発散量の小さい森林の方がよい。森林の洪水防止と水資源涵養機能を同時に作動させることの難しさがここにある」（『森林水文学』塚本良則編著・文永堂出版）とその困難なことを指摘している。

先行土壌水分不足を大きくする森林というのは蒸発散量の大きい森林のことである。「黒木になってから川の水は少なくなりましたよ」というのは、針葉樹の蒸発散が、広葉樹より旺盛なために起こる現象である。水源資源賦存量を高める立場からいえば、針葉樹から広葉樹への林種転換は意味のあることである。

塚本は、昭和四年から水文観測を続けている東京大学愛知演習林東山流域のデータに基づき、「森林の変化が無降雨期の地下水流出に与える影響」について論じている。

塚本は、この中で、比較的無降雨期の長いものを取り出し、片対数紙を使って地下水逓減曲線を描いた（図総2―2―3）。これによると、地下水逓減傾向は、夏期と冬季では著しく異なり、夏期の地下水逓減が極めて大きいことが分かる。

夏期と冬期の地下水逓減傾向の差は、夏期は森林の生長が旺盛なためである。

無降雨期間が二〇日を超えると、地表付近は著しく乾燥するが、このグラフをみると、夏期は五〇日、冬季も八〇日以上にわたり、地下水の流出を継続させる能力があることを示している。

森林の蒸発散作用により、渇水時にはかえって流量が減少するが、絶対量では極めて僅かで、むしろ、雨が降らなくとも長期間地下水が流出する事実こそまさに〝緑のダム〟といえる。

図総2-2-3　日流量を用いた地下水逓減曲線（塚本良則、1966）

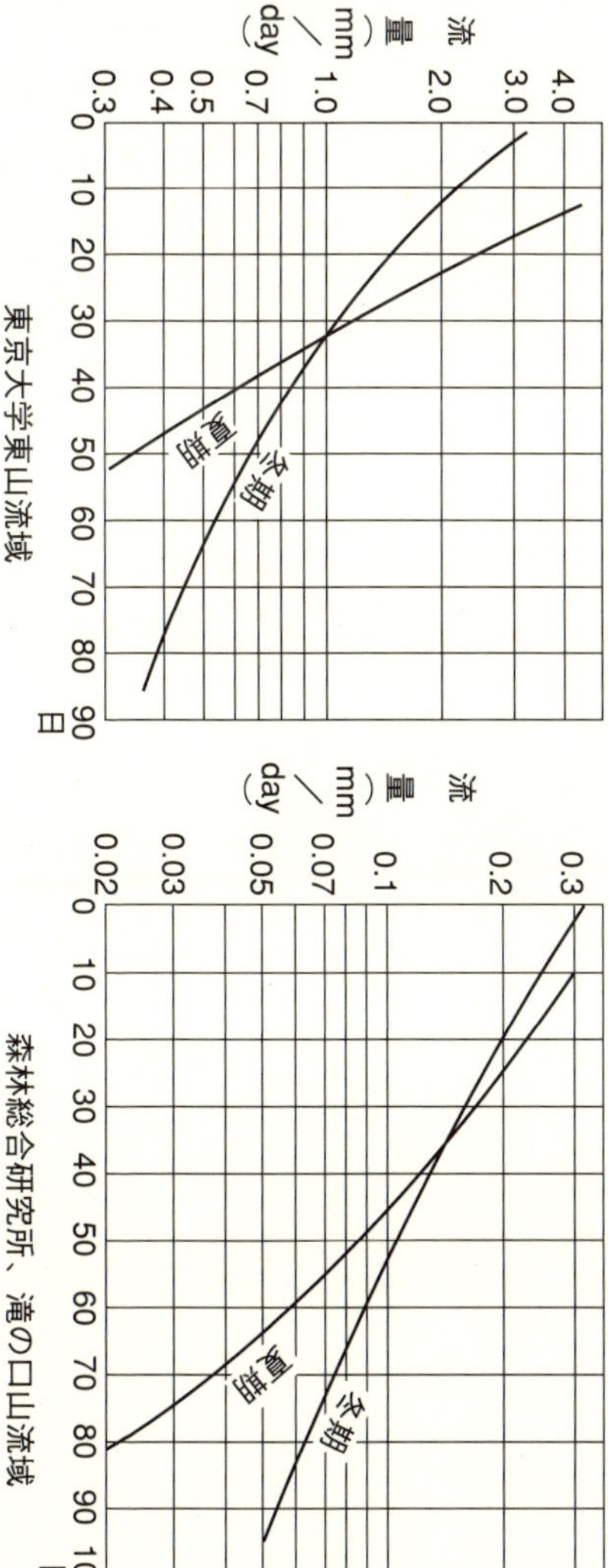

『森林水文学』より

森林土壌学の面から見た〝緑のダム〟

森林に降った雨は蒸発散、直接流出、基底流出の三系統に分かれる（以下『森林土壌の保水のしくみ』有光一登編著・創文による）。

樹木や下草によって遮断され蒸発するもの以外は、林内雨や樹幹流となって地表に到達する。地表に到達した雨水は、地表面を斜面に沿って流下する地表流もあるが、ほとんどは土壌中に浸透して孔隙（すき間）の中を移動し、中間流や地下水流となって河川に流出する。土壌中に入った水の一部は樹木や下草の根より吸収されて蒸散したり、地表面から蒸発する。

地表流は降雨後短時間で河川に流出するが、中間流は、土壌に浸透後、横流れして側方から河川に流出するので、地表流出に遅れて流出する。中間流には、早い中間流と遅い中間流がある。地下水流は地下深く浸透して地下水となり、中間流出よりさらにゆっくりと流出する。

直接流出は、地表流と早い中間流を合わせたもので、基底流出は地下水流と遅い中間流が含まれる。基底流出は河川の安定した流出を担っていて、長期間雨が降らなくても、河川が枯渇しないで流れるのは基底流量によるものである（図総2—2—4）。

土壌中の水の移動は、大小さまざまな孔隙の配列（孔隙組成）に左右される。粗大な孔隙の中を動く水は重力水として下方へ浸透するが、細い孔隙の中を動く水は、毛管張力の影響を受け

図総2-2-4　森林流域における水移動の概念図

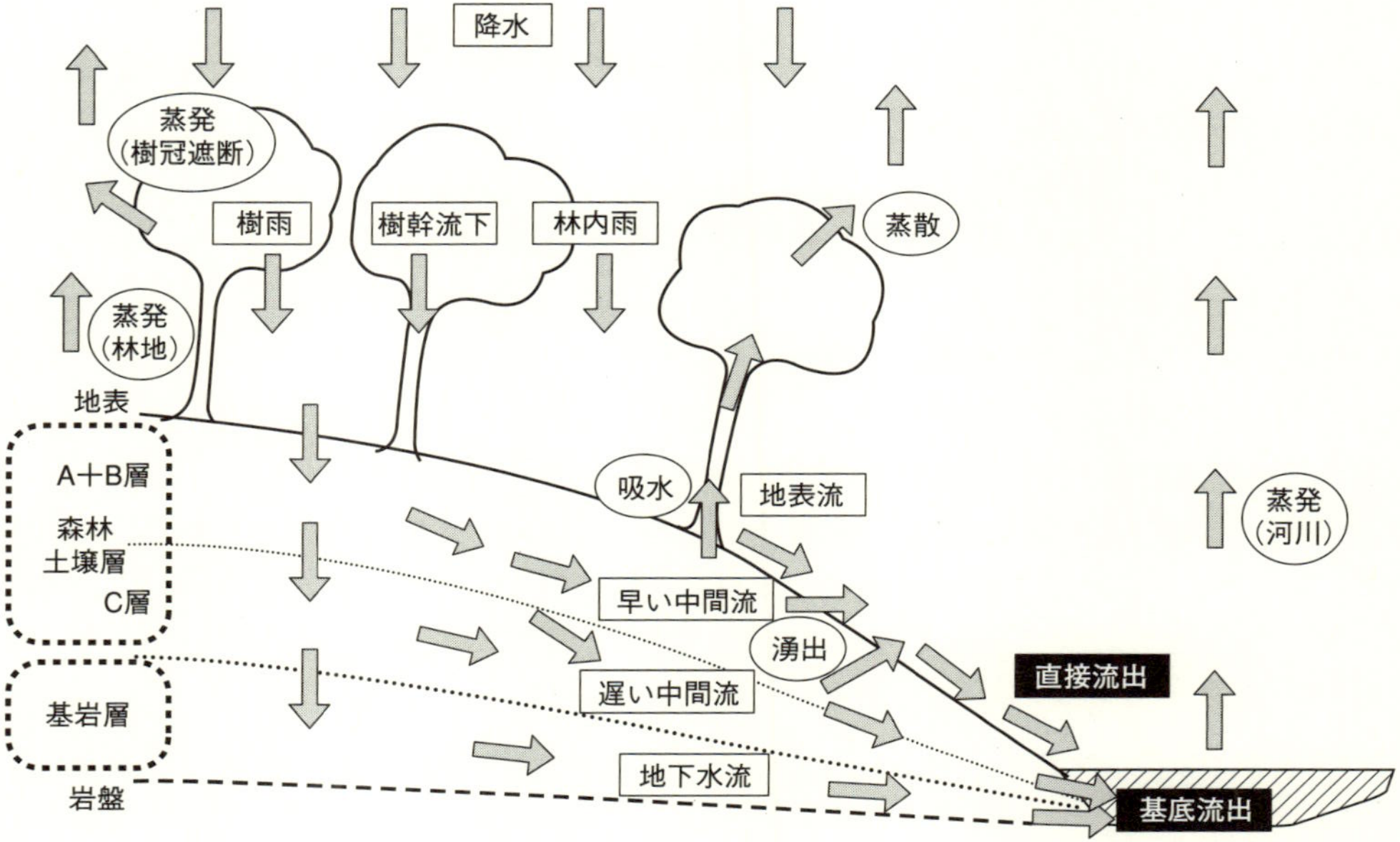

出所）森林と水研究会『森林と水』を改変

て動きが遅くなる。前者が早い中間流であり、後者が遅い中間流である。

孔隙は孔隙径の大小によって非毛管孔隙《ひもうかんこうげき》(注2)と毛管孔隙に区分される。

非毛管孔隙は、重力水の通り道になる孔隙で、雨がたっぷり降ったあと、浸透した重力水が、約一昼夜を経過して下方へ移動してしまうような粗大な孔隙である。

粗孔隙の大きさの下限は、直径一〇〇分の数ミリ程度である。直径一〇〇分の数ミリ以下の細い孔隙は、毛管張力の影響を受ける毛管孔隙であり、水の流動速度は遅い。

直径〇・〇〇六(一〇〇〇分の六)ミリ以下の細い孔隙の中では水は動かない。

土壌中にどれくらいの水が浸透するかは、地表の状態と土壌の表面近くの孔隙組成による。

浸透性の良否を「浸透能」といい、普通、一時間当たりの水高《みずだか》(ミリ)で表示する。

地被区分別の浸透能(表総2―2―1)によれば、平均値で、林地が一時間当たり二五八ミリ、伐採跡地が一五八ミリ、草生地が一二八ミリ、裸地が七九ミリで、広葉樹天然林が二七二ミリ、針葉樹天然林が二一一ミリ、針葉樹人工林が二六〇ミリ、裸地では、踏み固められた歩道が一〇ミリ前後とほとんど浸透しない。ブナの天然林は最大で四〇〇ミリとのことである。

林地が裸地化していると浸透能が低下し、地表流出が多くなる。森林の伐採や施業によって地表の状態や土壌の孔隙組成が悪化し裸地状態になると、森林の理水(水をおさめる)機能に影響がでる恐れがある。

森林土壌には、林木や下層植生の根が枯死、腐朽して出来るルートチャンネル(管状孔隙)が

表総2-2-1　地被区分別の浸透能（村井宏ら、1975）

（最終浸透レートmm/h

林地			伐採跡地		草生地		裸地		
針葉樹		広葉樹	軽度	重度	自然	人口	崩壊地	歩道	畑地
天然林	人工林	天然林	攪乱	攪乱	草地	草地			
211.4（5）	260.2（14）	271.6（15）	212.2（10）	49.6（5）	143.0（8）	107.3（6）	102.3（6）	12.7（3）	89.3（3）
林地平均 258.2（34）			伐採跡地平均 158.0（15）		草生地平均 127.7（14）		裸地平均 79.2（12）		

（　）内の数値は測定した地区数

かなり深くまで到達していて、重力水の通り道として重要な孔隙を形成している。またモグラやネズミなどの小動物による、動物の通路のチャンネルもある。

pF価による孔隙区分

土壌中の水の移動と貯留は、孔隙量と孔隙組成に左右される。非毛管孔隙の中を移動する水は、重力水として速やかに下方に移動し、早い中間流として河川に流出するか、地下水になる。毛管孔隙の中を移動する水は、毛管張力が働いてブレーキがかかるので、遅い中間流となって河川に流出するか、ゆっくり下方へ移動する。

土壌中の孔隙量《こうげきりょう》や粗孔隙・細孔隙の構成割合が分かれば、土壌中の水の挙動をある程度、知ることが出来る。土壌と水の結合状況を表示する方法としてpF価を用いる。

pF価は、土壌と水の結合力を、水柱《すいちゅう》の水圧に相当する吸引力とみなし、水柱高《すいちゅうだか》（センチ）の対数値をとったもので、pは対数、F

は自由エネルギーを表わす。

pFという単位は土壌物理の領域ではかつて広く国際的に使われていたが、いまはむしろ気圧やバール、パスカルなど圧力の単位で表わされることが多い。森林土壌では土壌と水の結合力の程度を表わすものとして使われている。

水頭差《すいとうさ》（水柱高の差）一〇センチをpF一・〇とし、水頭差一メートルをpF二・〇、水頭差一〇メートルをpF三・〇とする。数字が高くなるほど、水の浸透も移動も少なくなる。

孔隙の大小と水の状態、pF価との関係は（表総2―2―2）に示すとおりである。

pF価一・八以下の非毛管孔隙では、水は早く流動し、pF価一・八〜二・七に相当する毛管孔隙では、水の流動は遅くなる。pF価二・七〜四・二相当の孔隙中の水は、植物は吸い上げて利用できるが、毛管移動をしないので、河川や地下水面に流出することは少ない。

全孔隙の中に占める毛管孔隙、非毛管孔隙、細孔隙、粗孔隙の割合を計量することを「孔隙解析」という。孔隙解析により、孔隙組成が明らかになるが、これにより、林地の水源涵養機能を評価することが出来る。

土壌中に占める全孔隙量は多い程良く、pF二・七以下の粗孔隙部分が多いのが望ましいが、その大部分がpF一・八以下の非毛管孔隙で占められていると、浸透した重力水は早い中間流として短時間で一挙に河川に流出するので洪水になる恐れがある。

pF一・八〜二・七相当の毛管孔隙が多ければ、貯留機能は高いが、これが地表近くの土壌に

表総2-2-2　孔隙の大小と水の状態、pF価との関係

pF価	−∞	0	0.2	0.5	1.6	1.8	2.7	4.0	7.0
バール	0	0.001	0.002	0.004	0.04	0.06	0.5	15	
水柱高（cm）	0	1	1.6	3.5	40	63	500	15.848	
孔隙径（mm）	∞	3.0	1.9	0.9	0.08	0.05	0.006	0.0002	
水分恒数	←最小容気量→					圃場容水量	毛管移動停止点	永久しおれ点	絶乾
水の状態		重力水（非毛管水）				毛管移動水	毛管非移動水	吸湿水	
孔隙区分（真下氏）		粗　孔　隙					細孔隙		
孔隙区分（竹下氏）		大孔隙	粗大孔隙		粗孔隙		細孔隙		
孔隙区分		非毛管孔隙				毛管孔隙			

出所）『森林土壌の保水のしくみ』

分布していれば、浸透能が低下し、降雨が土壌中に浸透できないこともある。

水源涵養機能のためには、孔隙量が多いことに加えて、バランスのとれた孔隙組成が望ましい。

竹下敬司九州大学名誉教授は、森林土壌の水貯留量を評価するにあたり、以下の区分をした。

孔隙を①大孔隙（pF〇～〇・五）②粗大孔隙（pF〇・六～一・六）③粗孔隙（pF一・七～二・六）④細孔隙（pF二・七以上）に区分し、大孔隙と粗大孔隙の区分点を最小容気量《さいしょうようきりょう》（注3）、粗大孔隙と粗孔隙の区分点を圃場《ほじょう》容水量《ようすいりょう》、粗孔隙と細孔隙の区分点を毛管移動停止点とした。

大孔隙は直径が一～三ミリ以上の大きな孔隙で、降水を浸透させ、通過させ、河川に流出する。粗大孔隙は直径一ミリ以下の非毛管孔隙《ひもうかんこうげき》であるが、弱い毛管張力を受けるので浸透した水はゆっくり移動し、長くとも二四時間以内に中間流として河川に流出する。粗孔

隙は毛管張力を受けて水はゆっくりと移動し、長時間貯留され、一部は基岩層へ浸透する。細孔隙の孔隙径は〇・〇〇六ミリ以下で非常に強い毛管張力を受けるので、水はほとんど流動しない。

水の移動速度は、土壌が水で飽和されている状態では10^{-1}～10^{-2}センチ／秒、pF一で10^{-3}～10^{-4}センチ／秒、pF二で10^{-6}センチ／秒程度とされているので、これから推定される水の移動速度は、pF一の水分状態で一日に一〇センチ、pF二の水分状態では一日に〇・一センチ程度である（『森林と渓流水質』加藤正樹他・林業科学技術振興所）。

毛管張力は孔隙径が小さいほど強いので、水はまず細孔隙に吸収され、次いで小孔隙、中孔隙へと吸収される。

大孔隙組織は十分な排水能力を持っているので、極端な強度の降雨がなければ、たとえ数百ミリの連続降雨があっても飽和しない。標準的な斜面の場合、中孔隙は一～三日、小孔隙は二～二十日程度で流出するので、雨期以外の通常の天候下では、降雨後でも、中孔隙に水が貯留していることはほとんどなく、小孔隙も、二〇～三〇％には水がない状態であるという。

大孔隙と中孔隙も通常は空になっているので、豪雨に見舞われても大量の水を土壌中に受け入れることが可能である。

無降雨期が継続すると、大孔隙から中孔隙、小孔隙の順に水が消失する。夏期に二十日以上も無降雨の乾燥状態が続くと、まず小孔隙の水が無くなり、さらに十五日から二十日以上も無降雨期間が継続すると、pF二・七以下の細孔隙の水も無くなる。

土壌生成のメカニズムと森林の取り扱い方

土壌の種類や性質の違いをもたらすものは、母材料のほか、気候、生物、地形などの環境因子と時間の経過および人為的な影響によるといわれている。

土壌の生成は風化に始まる。母材である岩石の風化物や堆積物は、時間の経過とともに次第に母材の特性が薄れ、環境因子の影響を受けて、特有の土壌を形成する。

動植物などの生物因子も土壌の生成に重要な役割を果たしている。森林土壌中には無数の土壌微生物、土壌動物が生息する。

地表面に落下した落葉・落枝は土壌微生物により化学的に分解され、土壌動物により物理的に破砕される。落葉・落枝が腐朽して孔隙の多い腐植層になる過程を土壌化といい、過程が進んだ土層を土壌という。

森林土壌は、動植物遺体およびそれらの腐朽物からなる有機物層（Ao層）と、その下位に位置する、主として岩石の風化物で構成されている無機物層（A層、B層、C層）で構成される。

地表面に堆積した腐植層（Ao層）は、L層、F層、H層に分かれる。L層は分解をほとんど受けていないので落葉・落枝の原形をとどめているが、F層になるとある程度分解・破砕が進み、落葉・落枝の原形は失われている。H層はもはや原型を識別できないまでに分解が進み、暗色の微細な腐植になる。堆積腐植層は粗大な孔隙をもっているので、雨水の浸透が早い（図総2―2―5）。

A層には粗大な孔隙が多く、降雨を速やかに浸透させることができる。B層は小さな孔隙が多くて保水力が高い。土壌中にはさまざまな孔隙があり、移動速度の異なる水が貯留されている。

豊かな土に恵まれた森林では、人間の片足が踏んでいる土の下に、線虫が七万五〇〇〇匹、ダニが三〇〇〇匹、ヒメミミズが二〇〇〇匹、トビムシが五〇〇匹、ハエやアブの幼虫が一〇〇匹など、それこそ無数の土壌動物が生息しているという。ムカデやクモなどの肉食動物はそれらの土壌動物を補食するために土の中をうごめく。ミミズ、トビムシ、ダニなどに食べられた植物は細かい紛状になる。モグラは一日にミミズを六〇匹食べる。土壌動物の土壌中での活動は一種の耕耘であり、土壌中に孔隙が形成される。豊かな森林は、土壌動物の数も種類も多い。

森林土壌は人為の影響を受けて変化する。森林施業によっては土壌の悪化を招くこともある。特に人工林の土壌は、伐採、植栽、下刈や除間伐など、人為が加わるたびに、何等かの影響を受け、物理性や化学性が悪化する。

皆伐によって林地が裸地化した場合、表層の粗孔隙が細孔隙化すると、降雨はスムーズに土

図総2-2-5　土壌断面層位の模式図

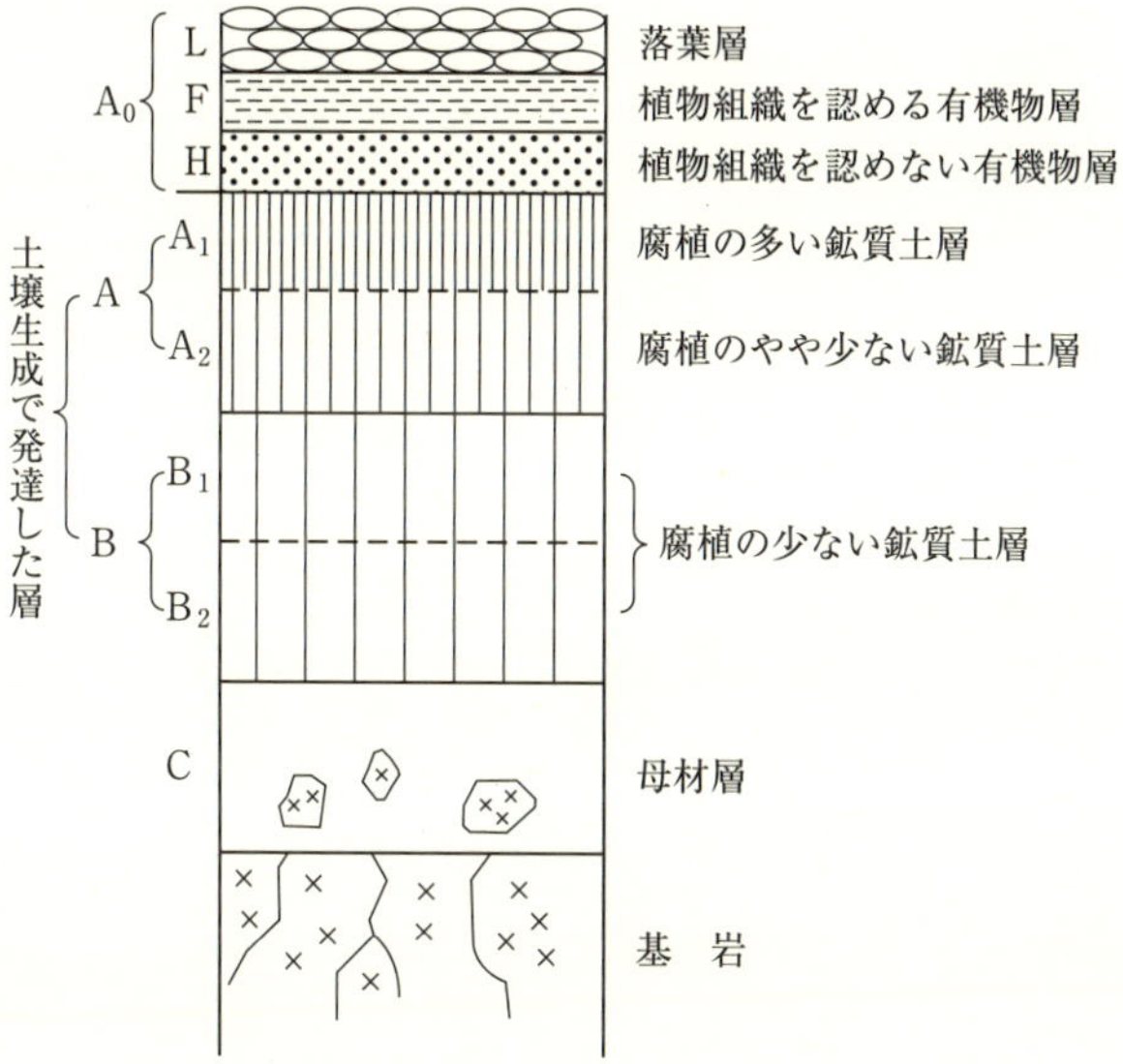

出所）『森林土壌の調べ方とその性質（改訂版）』（森林土壌研究会編）林野弘済会

壌中に流入できなくなる。水が土壌中に浸透しにくくなれば、下層がいくら貯留機能の高い孔隙組織をもっていたとしても、林地全体の保水機能は生かされない。

皆伐をすると特に物理性の変化が著しく、伐採前後で全孔隙量はあまり変化をしなくても、表層の粗孔隙が減少して細孔隙が増加する。最表層の透水性が悪くなれば、地表流が多くなり、土壌の貯留や流出特性にも当然影響がでてくる。

雨滴衝撃が土壌の団粒構造を破壊し、土壌表面を目詰まりさせる（山本高也ほか）ことが明らかにされているが、枝や梢に溜まった水滴は、雨滴よりも大きな直径となり、重力に耐えかねて落下する時の落下速度も速く、加えて質量が大きいため、破壊力は大きく、水滴に打たれた地表面の粗大孔隙は衝撃によって破壊される。水滴の衝撃力は雨滴よりもかなり大きいことが実験で確かめられている。

樹下で水滴衝撃から土壌を守り、土壌層の孔隙組織を保護しているのが落葉・落枝であり、下草である。日照に恵まれ、下草が繁茂している森林がよい森林といえる。

除間伐が行なわれず、放置された一斉人工林は、林内が暗くなり、下草が枯れて、表層の粗孔隙量は減少し、降雨の浸透は悪くなる。

手入れの遅れたヒノキの密植造林地では、地表が裸出して水滴衝撃を直接受けて、孔隙組織が破壊され、浸食を受けやすくなる。

三重県尾鷲での人工降雨実験によれば、「下層植生を欠く密植ヒノキ壮齢林と、下層植生のあるヒノキ壮齢林を比較すると、降雨強度と降雨継続時間の相乗に影響されて、前者の方が、十五〜二七倍流出土砂量が多かった」とのことである。

表層の粗孔隙に富む土砂が失われるということは、浸透能が低下することで、保水機能は低下する。

保育が適切に行なわれた針葉樹林と、スギ・ヒノキの過密林、散生地を対象に公益性を比較したのが次頁の表（表総2―2―3）である。

保育が適切に行なわれた針葉樹人工林を一とした時の指数は以下のとおりである。①洪水時の増水量は、スギの過密林では三割増、②洪水時のピーク流量は、スギの過密林では四割増、ヒノキの過密林では五割増、③渇水流量はスギの過密林では二割減、ヒノキの過密林では三割減、④土砂浸食量はスギの過密林では四倍、ヒノキの過密林では一四倍、⑤崩壊発生面積は、スギの過密林では六割増、ヒノキの過密林では八割増となっている。

緑のダムとしての機能を維持向上させるには、森林の手入れは不可欠で、きめの細かい森林施業を実施していかなくてはならない。

表総2-2-3　評価の結果表——主に水及び土の保全の面について（林野庁公益的機能研究会、1985）

評価因子＼評価対象森林		針葉樹の過密林（B）スギ（B-1）	針葉樹の過密林（B）ヒノキ（B-2）	散生地（C）
公益的機能の評価	①洪水時の増水量	1.2	1.3	1.3
	②洪水時のピーク流量	1.4	1.5	1.5
	③渇水流量	0.8	0.7	0.7
	④土壌浸食量	4.0	14.0	1.5
	⑤崩壊発生面積	1.6	1.8	7.4

（単位：保育が適切に行なわれた針葉樹人工林を１としたときの指数）

長野県の『森林（もり）と水プロジェクト』について

わが国の森林土壌の区分法は、大政正隆・元宇都宮大学学長（元東大教授・元林業試験場長）の『ブナ林土壌の研究』によるところが多い。

一九四七（昭和二十二）年から、国有林野土壌調査事業が開始され、縮尺二万分の一の土壌図が作成された。一九五四（昭和二十九）年からは、民有林適地適木調査事業が始まり、各都道府県別に、縮尺五〇〇〇〇分の一の土壌図

（現在は縮尺五万分の一）が作成されていった。

大政は、東北地方のブナ林土壌を三群一三土壌基準に分類したが、土壌調査事業の進展により、新しい土壌型も提案され、現在は八土壌群、二四土壌亜群、七四土壌型、一一土壌亜型に区分されている。国土面積の五一％は褐色森林土であり、黒色土は一六％を占めている。

土壌調査事業の当初の主目的は、木材生産のための適地判定にあった。しかし、最近では、土壌図がもっている水源涵養機能等の環境保全的な情報が利用されるようになってきている。

「森林土壌学の分野では、流域の保水容量（土層中に水を貯留し得る容積の最大値）を土層厚と孔隙率の積で表し、この孔隙部分に貯留された水分が河川水をかん養しているものと仮定した森林の水源かん養機能の評価が行われている。この方法の特徴としては、調査流域の水文観測を伴わず、代表地点における土壌調査と既存の土壌図により、流域の保水容量を推定できることにある」（『林地の洪水防止・水源かん養機能のＭＩについて』森林総合研究所・貿易と環境Ｉ系資料№一、農林水産技術会議事務局）

森林流域での水の貯留は、pF〇・六〜一・八の粗大孔隙と、pF一・八〜二・七の粗孔隙により行なわれるので、通常はこれらの有効孔隙量を調査する（pF〇・六以下の大孔隙中の水は自由に移動するため貯留せず、またpF二・七以上の細孔隙中の水は強い毛管張力のため水資源としては使用できないので、両者はカウントしない）。対象流域の代表地点において断面形態を調査し、採土円筒により、土壌型毎の土壌資料を採取して「孔隙解析」を行ない、孔隙組成より有効孔隙量を求める。

地表から基岩までの土層深は、断面調査の他に簡易貫入試験機または検土杖を用いて計測する。

有効孔隙量と土層深とを積算して、各土壌型の保水容量を算出する。流域の土壌型分布図より土壌型別の面積を求め、各土壌型の保水容量を乗じて、流域の土壌型別の保水容量を計算し、それらを集計することにより流域全体の保水容量を推定する。

土壌学的評価法は空（から）の水槽の全容量の評価であるが、先行降雨によってすでに土壌水分として残留している貯留量を考慮して、得られた保水容量に、経験的に、α（〇・四＜α＜〇・六）を乗ずる。αは流域の湿潤状態や母材の保水容量の相違を示す係数と考えられるので、今後、研究の余地がある。

「孔隙解析」には三〜六カ月の日数がかかるので、土壌調査は、人海戦術が必要である（土壌中の水の動きを調べる装置としては「ライシメーター」がある）。

ケース・スタディー

二〇〇一（平成十三）年五月に、長野県林務部は、『森林と水プロジェクト（第一次報告）』を公表した。これは前記の森林土壌学の面からの水源涵養機能の評価に、森林水文学的な面からの検証を加えて発表したものである（以下『報告書』による）。

このプロジェクトは、信濃川水系薄川に計画された「大仏ダム」という県営ダムの中止に伴い、総合的な治水の代替案を策定するにあたり、長野県林務部（林政課、森林保全課、林業振興課、林業総合センター、松本地方事務所）が、森林の有する洪水防止機能を評価するために取り組んだ事業である（国有林を含むので、林野庁の中部森林管理局、森林総合研究所の協力を得た）。

ダム計画地上流の森林は、個人・集落有林の他、国有林、県営林、団体有林など、総面積四一〇二ヘクタールで、六六％が人工林、三四％が天然林である。

洪水防止機能の評価にあたり、土壌学的手法により、単位面積当たりの有効貯留量を求めた。まず、地表に到達することなく蒸発する「樹冠遮断量」を求める。

樹種別の樹冠遮断量については、「森林の公益的機能に関する文献要約集」を参考にして得た樹種別樹冠遮断量（雨量換算）に、森林簿より求めた樹種別面積を乗じて樹種別の樹冠遮断量を求め、集計して流域全体の樹冠遮断量約六四万立方メートルを算出する。得られた数値を、樹種別面積合計の三七七八ヘクタール（森林面積から岩石地、未立木地等の三二五ヘクタールを除く）で割って雨量に換算し、一七㎜を算出した。

土壌水分貯留量は以下の方法により求める。表層土壌（A層＋B層）は、既知の森林土壌図を用い、プラニメーターにより、土壌型別の森林面積を求める。

土壌型別、層位別の孔隙量は、長野県林業センターが過去に調査をした「長野県民有林適地適木調査報告土壌理学性調査結果」のデータを整理し、土壌型別の推定水分貯留量を算定した。データは諏訪、上伊那、松本、長野地区の九二カ所での報告書の数値を使用した。

土壌型別面積に土壌型別の推定水分貯留量を乗じて、表層土壌の水分貯留量を求めた。森林以外の土地（農地・畑）の貯留量も推定して加えた。

流域全体の土壌水分貯留量五五六万立方メートルを流域面積四二九七ヘクタールで除して、単位面積当たりの貯留量一二九㎜（雨量換算）を算出した。

下層土壌（C層）は、土壌型による差異はないものとし、粗孔隙量三二・二％から、最小容気量一一・三％を控除した一九・九％に、層厚四〇〇㎜を乗じて、雨量換算八〇㎜を算出した。

この結果、流域全体の土壌水分貯留量として、一二九㎜＋八〇㎜＝二〇九㎜を得た。

先行降雨を考慮した有効貯留量＝樹冠遮断量＋α・土壌水分貯留量で、αを（〇・四＜α＜〇・六）として計算すると、一七＋二〇九×〇・四＜有効貯留量＜一七＋二〇九×〇・六となり、有効貯留量は一〇一㎜から一四二㎜の間と推計された。

長野県では、現在、残りの八河川のダム予定地の有効貯留量を、同様の手法で求めている。

流出解析に基づく流域保水容量の推定

森林総合研究所森林環境部の加藤正樹は、『森林土壌と水』（研修教材）で流出解析に基づく流域保水容量の推定について以下のように記している。

「土壌の孔隙解析を基に流域保水容量を推定した例は非常に少ない」とし、これまでに調査された七流域の結果として、全流出に関与する保水容量を一五〇〜三五〇㎜、基底流量に関与する保水容量は一〇〇〜一五〇㎜程度との結果を記載した上で、「このことは、森林流域が大半の降水を表面流出させることなく一時的に貯留することが可能で、一時的に貯留した降水を徐々に基底流量として流出させるだけの保水容量を持っていることを示している」と述べている。

「土壌調査や土壌孔隙解析に基づく流域保水容量の推定には、多大な労力と時間を必要とする。また、下層土や風化帯の孔隙解析が困難であるなどの問題がある」ことを指摘した上で、対象流域一〇七カ所の調査結果として、平均流域保水容量を二一九㎜としている。

「流出解析から求めた流域保水容量はほぼ二〇〇㎜程度と推定され、この値は前述の土壌孔隙解析から得られた流域保水容量とほぼ同じレベルである。また、土壌の深さを一メートルとして降雨貯留量を評価した結果とも矛盾しない値であり、地質区分別にもほぼ同様の傾向が認められた。こうしたことから、日本の森林土壌は、概ね二〇〇㎜前後を中心に数十〜五〇〇㎜程度の保水機能を持つと考えられる」としている。

この数字は森林土壌の保水容量を大きく評価しているが、先行降雨の有無や気象条件などが影響すると思われるので、「数字だけが一人歩きすることのないように」というのが、加藤からの注意であった。

人工のダムより〝緑のダム〟を

ダムが河川環境を破壊し、生態系に大きな影響を及ぼすことが指摘されるようになり、人工のダムに頼るよりは、森林を整備して〝緑のダム〟としての機能を発揮させるべきであるという声が大きくなっている。

人工のダムの寿命は数十年、長くても一〇〇年といわれている。コンクリートが劣化すれば補修費がかさむ。堆砂が進めばダムとしての機能を失う。堆砂の除去にも多額な費用がかかる。堆砂は海岸線の後退を招いている。

機能を失ったダムの存在はかえって洪水の原因となり、崩壊すれば大災害を引き起こす。いくつかのダムの決壊により、ダムの安全神話も崩壊した。

一〇〇年後、機能を失ったダムの撤去費用の負担まで考えると、可能な限り〝緑のダム〟を活用すべきであり、安易に人工のダムに頼るべきではない。

いま全国に二五〇〇を超えるダムがあり、五〇〇近くのダムが計画中であるが、その多くが、一〇〇年確率、八〇年確率、五〇年確率、三〇年確率などの、いわば「中小洪水対策」のダムである。「森林は中小洪水においては洪水緩和機能を発揮する」という前提に立てば、計画中のダムのほとんどは中止すべきであり、現在あるダムでも、不必要なダムは撤去し、河川環境を自然に戻すべきではなかろうか。

周辺の森林整備を進めれば、数十年後には自然はよみがえり、立派に洪水緩和機能を発揮する〝緑のダム〟を、子や孫に贈ることができるだろう。

超過洪水対策については、一〇〇年確率の降雨に備え得るような遊水池を確保するとともに、ハザードマップの整備、非常時における緊急避難的な水田貯留など、洪水と共生できるような体制を整える必要がある。

渇水対策としては、常日頃から水の大切さを訴えるとともに、万全の節水対策を用意する。いま、全国の森林の荒廃が憂慮されている。このまま放置すれば、森林土壌は流亡し、森林のもつ保水力も低下する恐れがある。

竹下によれば、「森林土壌は、一朝一夕で出来たものではなく、現在の土壌の孔隙組成ができるまでには、五〇〇年から一〇〇〇年の長年月を要し、その間、多種多様な植物環境の影響を受けてきたものと考えられる」、「土壌生成の速度を推定してみると、最も早い深層風化状態の花崗岩でも二〇〇〇年間に一メートル、一般の基岩では四〇〇〇～五〇〇〇年に一メートル程度であることが推定される。つまり、年平均生成速度は花崗岩で〇・五㎜程度、一般の基岩では〇・二～〇・二五㎜程度と算定される。現在、土壌浸食量と土壌生成量とが相拮抗しているものと考えられる。」とのことである。

手入れの遅れている森林の整備こそ、まさに急務であると思う。

【注】

1　河川の流況を表現するための指標のひとつで、一年を通じて九五日はこれを下回らない流量を「豊水流量」という。同様に、一八五日を下回らない流量を「平水流量」、二七五日を下回らない流量を「低水流量」、三五五日を下回らない流量を「渇水流量」という。

2　十分の降水があった後、約一昼夜経過して、重力水が下方へ浸透したあとに、水で占められていない粗大な孔隙を「非毛管孔隙」といい、この時、土壌に保持されている水の量を「圃場容水量」という。圃場容水量相当の水は、四〇～六〇ミリバール以上の力で孔隙中に保持されている。

3　採土円筒資料の下端を水に漬けて毛管上昇によって十分水を吸収させた時の水分量を「最大容水量」といい、その時土壌中に残る空気量を「最小容気量」という。

各論

第一章

長野県のダム

第一節　「脱ダム」宣言

1　長野県治水・利水ダム等検討委員会

ダム建設の中止

二〇〇〇年十月十五日の長野県知事選挙で当選した田中康夫は、十一月十四日に、松本市を流れる薄川（すすきがわ）に計画されていた大仏（おおぼとけ）ダムについて、現地調査と住民対話集会を行ない、翌十五日に大仏ダム計画の「中止」を決定し、十一月二十四日に、建設省（当時）に対して公式文書をもって事業中止を通知した。

大仏ダムは、一九七五年四月に実施計画調査に着手したが、一九八七年には塩尻市が、一九九九年には松本市が利水参加を辞退したので、多目的ダムから治水ダムに変更になった。二〇〇〇年八月二十八日に、与党三党の「公共事業の抜本的見直しに関する三党合意」による「実施計画調査に着手後十年以上経過して採択されていない事業」に該当するとして見直しを勧告され、九月一日に建設省より、「九月中に『中止を前提』に再評価を実施するよう」要請されていた。

長野県は、要請に基づき見直し作業を進めたが、九月二十七日に、「長野県公共事業評価監視委員会[注1]」（以下「監視委」という）から「治水ダムとして検討調査し、その結果を当委員会に提示し、意見を聴取されたい」旨の意見書が提出され、十月二日に、「長野県公共事業再評価委員会[注2]」（以下「評価委」という）が、「多目的ダムは中止するが、治水ダムとしての調査は継続する」という県の対応方針を決定して国に報告し、継続が決まっていたダム事業である。

この間、一九九七（平成九）年四月二十八日に、松本市民により「大仏ダム建設差止請求訴訟」も提訴されていた（田中知事の中止決定を受けて、平成十二年十二月七日、訴訟を取り下げた）。

田中知事は、十一月十五日の定例記者会見において、長野市に建設中の浅川ダムの現地調査を行なうまで、同ダムでの伐採作業着手の延期を求める意向を表明し、十一月二十二日に、浅川ダムの現地調査と住民対話集会を行ない、その場で「一時中止」を表明した。

浅川ダムは、一九七七年四月に実施計画調査が採択された多目的ダムである。

浅川ダムについては、かねてから、地元住民がダムサイトの地質の安全性を問題にして、「建設工事差止」等の住民訴訟も提訴されていたが、本体工事着工を目前にした一九九九年七月、長野県に設立された「浅川ダム地すべり等技術検討委員会」(以下「技術検討委」という)は、七回の委員会審議の結果、二〇〇〇年二月二十二日に、一〇名の委員中九名の意見を取りまとめ(一名はとりまとめに不同意)、「県が計画している地すべり対策はおおむね妥当であり、ダム建設に支障となる第四紀断層はない」という意見書を提出した。

技術検討委の安全宣言を受けて、二〇〇〇年四月二十四日に、監視委から評価委に、「浅川ダム事業の執行にあたっては、(下記事項に留意の上)進められたい」という意見書が提出され、これを受けて、九月県議会でダム本体工事の着工が承認、本体工事(一二九億一五〇〇万円)の契約も締結され、事業準備に取りかかっていたダム事業である。進捗率約五〇%で、既に本体工事の一部として樹木の伐採作業に着手していたダム事業の「一時中止」は多くの論議を呼んだ。

二〇〇一年二月二十日に、田中康夫知事は、「脱ダム」宣言を発表し、「長野県に於いては出来得る限り、コンクリートのダムを造るべきではない」とし、「以上を前提に、下諏訪ダムに関しては、未だ着工段階になく、治水、利水共に、ダムに拠らなくても対応は可能であると考える」として、下諏訪ダムの「中止」を明言した。

下諏訪ダムは下諏訪町の砥川（とがわ）の支流の東俣川に建設予定のダムで、一九八四年四月に実施計画調査が採択、一九九三年四月に建設が決定され、一九九八年五月に事業全体計画が建設大臣の認可を受けたダム事業である。一九九八年十二月に県監視委から「事業継続」の意見書が提出され、二〇〇〇年九月に、県と地権者会との間で、用地補償基準が調印されていた。二〇〇一年一月二十三日に、田中知事は現地調査を行ない、住民との対話集会を開催し、二月に公表した「脱ダム」宣言の中で、下諏訪ダムの「中止」を表明したものである。

下諏訪ダムの中止は、県議会、下諏訪町長、岡谷市長、ダム推進派から猛烈な反対の声が挙がった。三月十九日には、開催中の二月県議会において下諏訪ダム予算が復活され、議員提案による「長野県治水・利水ダム等検討委員会条例」（以下「県条例」という）が可決され、三月二十六日に公布・施行された。三月三十日に平成十三年度の県予算が内定したが、八ダムについては、予算執行が保留されることになった。

県条例には、以下に示すような付帯決議がついている。

（知事の「脱ダム」宣言の一部の趣旨については一定の理解をするが）「今回、突然、下諏訪ダム計画の中止を発表したことは、地元住民の意見を十分に反映されたものとは言えない。よって、本県議会は、次の理由により、突然の知事の『脱ダム』宣言の再考を促し、住民の声を十分に聞くことを求めるものである」として理由を列挙し、「本県議会は、現在、ダム計画が中止又は見直しの対象となっている流域の治水・利水対策については、ダムもその選択肢の一つとして様々な角度からの検討を速やかに行ない、特に、工事契約締結済みの浅川ダム及び代替地を手配済みの地権者もいる下諏訪ダムに係る流域の検討については、早急に結論が出されることを要望するものである。以上の通り決議する」。

県条例に基づき、長野県治水・利水ダム等検討委員会（以下「検討委」という）が設置された。

長野県治水・利水ダム等検討委員会の発足

検討委は、県条例が対象とする九河川について、ダム等を含む総合的な治水・利水対策に関する事項について、知事の諮問に応じて調査審議することを目的とする。

委員は学識経験者、関係行政機関の職員、市町村の長を代表するもの、県議会議員、市町村議会の議長を代表する者など一五名以内で組織するとされ、学識経験者八名（うち四名は「公共事業を国民の手に取り戻す委員会」のメンバー）、市町村の長を代表する者として泰阜村村長、県議会議員からは議会の四会派（県政会、県民クラブ、社会県民連合、共産党）より一名ずつ（四名）、市町村議会の議長を代表する者として安曇村議会議長の計一四名が選任された。関係行政機関の職員として国土交通省千曲川工事事務所長が予定されていたが参加を得られなかった。

五月一日には県庁内一八室課を横断的に結ぶ幹事会の幹事が任命され、五月十日には、土木部河川課内に「治水・利水検討室」が設置され、委員会運営に必要な事項の整理や資料の作成等にあたることになった。

委員会には、各河川毎に部会をおくことができるとされている。部会は二〇名以内で組織され、委員長が指名する検討委委員と特別委員で構成する。特別委員は、学識経験者、関係する行政機関の職員、河川流域に関係する住民よりなり、住民代表は公募される。部会は、公聴会の開催その他の適切な方法により関係住民の意見を聴くことができることになっている。

長野県治水・利水ダム等検討委員会の開催

第一回の検討委は六月二十五日に、長野県庁講堂で開催され、同日、委員の委嘱が行なわれた。

一四名の委員による会議が講堂で行なわれるということに奇異を感じていたが、到着してすぐその事情が飲み込めた。ステージ正面の前（講堂の前半部）に委員一四名の机が長方形の形で並べられていたが、その左右に幹事会メンバーが机を並べ、その外側はカメラブースとして、テレビカメラがセットされ、ステージの反対側（後半部）は記者席・傍聴者席となっていて、一〇〇名くらいの傍聴人のイスが並べられていた。テレビカメラが十数台セットされ、傍聴席は満席だった。

委員会開催の冒頭において、まず、田中知事より各委員に委嘱状が手渡され、「（九つの河川を一括して）多角的な治水、利水のあり方、具体策について、当検討委員会の皆様におかれまして十分な調査や審議をお願いします」と、諮問の趣旨が述べられた。

委員長は委員の互選により、宮地良彦信州大学名誉教授（元信州大学学長）が選任され、委員長により、委員長代理に大熊孝新潟大学教授が指名された。

県条例第六条四項の規定に「会議は、原則として公開する」となっているので、会議を始める前に、委員長が、「この会議は原則公開で、傍聴を認め、議事録を公開する。そのような方針でよろしいでしょうか」と発言し了承された。傍聴者には委員会委員に配布された同じ資料が同時に配布される。

公開される議事録は発言者の氏名が明記され、発言が一言一句そのまま記載されるとともに、県のホームページにも掲載され、いまは音声まで聞くことができる。情報公開、住民参加の徹底した委員会である。

第一回の委員会において、九河川を一括しての説明が行なわれ、対象河川におけるダムの進捗状況（表各1―1―1）が示されたが、現地を調査する必要があるということになり、七月十八日から八月八日までの間に、全委員が九河川の現地調査を行なった。

現地調査を踏まえての第二回検討委が開催されたのは八月二十日である。

各委員が現地調査の結果報告をしたあと、委員会のあり方や部会との関係などの論議が行なわれた。論議の過程で、各委員が、個々の河川についての論点整理をして委員会に提出するこ

表各1-1-1　対象河川におけるダムの進行状況

単位:百万円

河川名	ダム名	洪水氾濫防止市町村名	水道事業者等	総事業費（利水者負担金）	H12年度迄	進歩率（%）	進歩状況 計画調査	実施設計	用地買収	建設工事 道路工事	転流工	堤体工	設備工	進歩内容	備考
清川	清川ダム	飯山市	飯山市（流雪溝用水）	総事業費 10,200	全体: 316 国 : 158 県 : 158	3.1	→								
角間川	角間ダム	中野市・山ノ内町	中野市・山ノ内町	総事業費 25,000 利用者負担 9.7% 2,425	全体: 1,388 国 : 666 県 : 587 利用者: 135	5.6	━	→							
浅川	浅川ダム	長野市・豊野町・小布施町	長野市	総事業費 40,000 利用者負担 2.8% 1,120	全体: 20,074 国 : 9,962 県 : 9,550 利用者: 562	50.2	━	━	━	━	→			・用地補償完了 ・道路完了 ・本体工事一時中止	・ダムによる洪水調節と組合わせた下流の河川改修実施（進歩率80%、H13年度護岸工事実施保留） ・本体工事の一時中止に伴う損害賠償金 H12年度分32,659千円
薄川	大仏ダム	松本市	――	総事業費 39,600	全体: 1,115 国 : 629 県 : 486	2.8	→							・事業中止	・ダムによる洪水調節と組合わせた下流の河川改修実施（進歩率78%）
黒沢川	黒沢ダム（生活貯水池）	三郷村・堀金村・豊科町・穂高町	三郷村	総事業費 15,000 利用者負担 2.0% 300	全体: 740 国 : 376 県 : 364 利用者: 0	4.9	━	→							・ダムによる洪水調節と組合わせた下流の河川改修実施（進歩率66%、H13年度護岸工事実施保留）
郷土沢川	郷土沢ダム（生活貯水池）	豊丘村	豊丘村	総事業費 11,000 利用者負担 0.8% 88	全体: 1,430 国 : 722.5 県 : 707.5 利用者: 0	13.0	━	━	┅	→				・工事用道路（98%済）	
駒沢川	駒沢ダム（生活貯水池）	辰野町	辰野町	総事業費 6,000 利用者負担 1.7% 102	全体: 360 国 : 180 県 : 180 利用者: 0	6.0	━	→							
上川	蓼科ダム	茅野市・諏訪市	蓼科ダム開発㈱（茅野市、長谷工コーポレーション）（開発に伴う流出増）	総事業費 28,000 利用者負担 4.2% 1,176	全体: 7,212 国 : 3,249 県 : 3,096 利用者: 867	25.8	━	━	━	→				・付替道路（35%済） ・工事用道路完了 ・用地補償（96%完了）	
砥川	下諏訪ダム	下諏訪町・岡谷市	湖北行政事務組合（下諏訪町・岡谷市）	総事業費 24,000 利用者負担 4.2% 1,008	全体: 1,837 国 : 943 県 : 817 利用者: 77	7.7	━	━	→					・用地補償基準調印済	・代替地取得が不確定となった地権者の土地購入費96,259千円

とになった。条例で設置された検討委と、要項で設置された監視委との関係、評価委との関係などについて質問があり、幹事長は次のように説明した。

「ダムにつきましては、公共事業再評価委員会が評価監視委員会の意見を聴いて、継続という形で今までできております。当検討委員会の結論を受け、その結論をもとに再評価委員会にかけ、最終的には知事が判断することになろうかと思います。再評価委員会になぜかけるかというと、補助金を今まで頂いている事業について補助金の返還問題があります。再評価委員会により補助金について了承される、つまり再評価委員会を通れば補助金を返還しなくてもいいということになり、再評価委員会は避けて通れないということがあります」

「当検討委員会の結論は、条例設置ですので、当然最大限尊重されていく、と事務局は考えています」（第二回議事録）。

検討委の結論を評価委は尊重する。評価委が了承すれば、補助金の返還義務がなくなるということになる。これで一つのハードルを乗り越えたことになった。

第三回の委員会は九月二十日に開かれ、午前九時から午後六時までの長丁場になった。各委員から提出された各河川についての論点整理の一覧表が資料として提出され、各河川毎の検討が行なわれた。治水の面では基本高水の決定方法、利水の面では人口予測について、緑のダムとしての森林の機能、ダムサイトの地質の問題、財政問題などが議論になり、これらについてワーキンググループ（以下「ＷＧ」という。地質については専門委員が担当）を設けることになった。

ついで今後の運営についてという議題で部会の設置が取り上げられ、緊急性ということで、浅川と砥川の両部会を先行させることになり、検討委委員が六名ずつ両部会に参加することになり、互選により部会長を決定し、特別委員のうちの住民代表一〇名を公募で選ぶことが決まった。

浅川部会、砥川部会の発足

十月九日に、知事と委員長および両部会長との懇談が行なわれた。この席で、知事から、浅川部会は、二〇〇二年三月三十一日を目処に審議して欲しい、砥川部会についても、検討委員会の審議を阻害しない範囲で、出来る限り早く審議の結論を出して欲しい、と要請された。

浅川、砥川両部会の特別委員の選定は十月十日から二十四日の間に各一〇名程度公募することになり、十一月十四日に、浅川一〇名（応募四八名）、砥川一一名（応募三九名）が選定された。

十一月二十一日には第一回砥川部会が、十一月二十三日には第一回浅川部会が開催された。

十一月二十七日に開催された第四回検討委では、委員長が知事からの要請を伝えた上で、浅川、砥川両部会の進行状況が報告され、次に、基本高水、財政、森林、利水および地質の各ワーキンググループの資料についての説明があった。

財政ＷＧの資料により長野県の財政状況が説明された。経常収支比率は全国二六位だが、公債費負担比率はワースト二位、起債制限比率もワースト二位で倒産状況にあり、現在の想定では収支不足は三〇〇億円程度で、再来年度には予算編成はきわめて困難な状態になるとのことだった。

ダム事業では八〇％くらいが国の補助で、後は県の一般財源、地方税でやるが、仮にダムを中止した場合に、すでに使っている補助金等の費用について、負担義務、返済義務が発生するかどうかは全国的な論点である、と報告された。

森林ＷＧからは総合的な治水対策の一環として、特に森林の役割を明らかにするため、森林の変遷と森林の保水力について調査をする方向が述べられた。

利水ＷＧからは、水需要の将来予測についてコンサルタントに委託したことが報告され、浅川、砥川の状況説明があった。資料によると、多目的ダムとした場合に利水者の負担は少なくて済むが、利水単独ダムとした場合には利水者の負担が大きくなることが明らかにされた。

浅川ダムの地質調査についての報告では、盤膨《ばんぶく》れ、地滑りの主要な原因となるスメクタイト(注3)の存在が明らかにされ、断層の調査の必要性が指摘され、今後も調査を続行することになった。

基本高水ＷＧからは、基本高水の講義を受け、どこに問題点があるかが解明された。

基本高水は、基本的には唯一解ではないこと、基本高水の決定過程で、多くの判断が入ること、などが指摘された（基本高水については総論第二章第一節を参照のこと）。

年の瀬も迫った十二月二十六日に、第五回検討委が開催された。

まず浅川、砥川両部会から審議状況が報告され、いくつかの問題点が指摘された（浅川ダムについては第二節を参照のこと）。

次いで、地質の専門委員から、浅川ダム周辺の地質について報告がされた。

浅川ダム地すべり等技術検討委では「浅川ダム建設予定地には、ダム建設に支障となる第四紀断層は存在しない」という結論だったが、調査の結果、ダムサイトを横切って活動性があるかもしれない断層が発見された上、ダムサイト岩盤は熱水変質によるスメクタイト帯であることが明らかにされた。技術検討委の議事録を見た範囲では、スメクタイトに関する検討は行なわれていないがこれは重大な欠陥である、との指摘があり、今後調査を続けることになった。

これに対して、県当局の説明では、スメクタイトについては「当時から分かっておりまして、その対策が出来るということで、県として発注しております」とのことで、「技術検討委の役目は第四紀断層があるかないか、地滑りかどうかということをお願いしただけで、スメクタイトの話はお願いしておりませんので」技術検討委の議事録には出てこない、という説明だった。

財政WGの報告では、九つのダムを造るというのは到底不可能である、として、「事例を挙げますと、蓼科ダムについて言いますと要求額が一億二〇〇〇万円です。今回の予算が付くのは一〇〇〇万円です。それに対して半分が国費、半分が県費です」、「角間、清川も全部一〇〇〇万円です。だから、予算的な概念でいくと、事実上中止に近い感じです」との説明があった。

ダムの安全性と基本高水論争

年が明けた二〇〇二年一月二十八日に、第六回検討委が開催され、両部会の審議状況が報告された。

浅川部会ではダムの安全性が問題とされ、「技術検討委の三委員の出席を求め説明を受けたが、安全性への疑問が濃くなった」ことが報告された。

砥川部会の報告でも、専門委員よりダム地点の地質はダムに不適切であると指摘され、大変な問題となっているとのことであった。国土交通省はこれまで地質については安全であると説明していたが、専門委員は「ここにダムは造るべきではないという結論めいた話をした」とのことである（両ダムの最大の問題点は地質である）。

森林ＷＧからの報告をめぐり、森林ＷＧの有効貯留量と基本高水ＷＧの飽和雨量Ｒｓａとの関係が質され、両ＷＧで調整を諮ることになった（Ｒｓａについては浅川ダム参照）。利水ＷＧからは、コーホート法とトレンド法による人口予測から水需要についての予測が報告された。

浅川部会、砥川部会の進行状況を見ながら、他の部会を立ち上げることとし、とりあえず、郷士沢川《ごうしざわがわ》、黒沢川、上川の三部会を立ち上げることになり、各部会への検討委員会委員の配置を決め部会長を互選し、特別委員の公募、流域の関係市町村の職員等の選定を始めることになった。

第七回検討委は二月十八日に開催された。黒沢川、郷士沢川、上川の三部会を四月を目処に立ち上げるという報告のあと、浅川、砥川両部会の審議状況の報告が行なわれた。

浅川部会報告では、千曲川との合流点の内水氾濫が問題となり、「ダムが出来ても内水災害を解決できず、ダムを造った場合の方がむしろ内水災害が深刻になること」が指摘された。また安全性の問題が改めて議論になり、ダムサイトを横断するFV断層についてトレンチ調査を追加することになった。

砥川部会報告でも、ダムの安全性が問題とされた。国土交通省地質官は、「地質に対しては一切心配要りません」と明言しているが、信州大学理学部の小坂共栄教授から「ダムサイトの地質についてよく調べて欲しい」という要望書が出され、再度調査をすることになった。

下諏訪ダムの基本高水については、引き伸ばし率、カバー率等が議論になり、検討委員の間で激しい論議が交わされた。

砥川・浅川両部会報告

砥川・浅川両部会の報告とりまとめの期日である年度末の三月二十七日に、第八回検討委が開催された。これに先立つ二月二十六日に、委員長は知事に面会し、両部会の審議状況を説明し、最後の答申は四月以降にずれ込まざるを得ないことを伝え、知事の了解を得ていた。三月十二日には、委員長が県議会の土木委員会に参考人として呼ばれたとの報告もあった。

最初に基本高水WGから、「砥川の基本高水流量に対する見解について」「基本高水計算方法の主要な問題点とその解決方法について」という資料が配付され、基本高水の問題点についての審議が行なわれた。

「ダム事業見直しリスト」の中で中止とされた「新月ダム」（宮城県）が、ダムを中止したために基本高水を引き下げた例として紹介され、基本高水計算方法の問題点が指摘された。

特に、基本高水計算の一番大きな問題点として、「一つの計画規模の雨量に対して、その流出計算結果の流量にたいへん幅があること」と、この一番の原因が「実績降雨を計画規模に引き伸ばすところ」に大きな問題があると報告された。またカバー率についても、一〇〇％をとらない河川の例も紹介され、「基本高水を最終的に決定するのは、財政だとか環境だとか安全性だとかを総合的に判断して、検討委員会なり部会なりで最終的に決定するものだと考えております」、「我々が河川砂防技術基準（案）（以下基準という）にあるように五〇％以上で、六〇～八〇％とることもあり得るという答えを統一見解としてお出ししているわけです」との見解が表明された。

次いで議題として、砥川部会でとりまとめた報告について説明があり、第一案として基本高水を二八〇〇㎥／秒とする「ダム＋河川改修案」（A案）、第二案として基本高水を二〇〇〇㎥／秒とする「河川改修単独案」（B案）について、利水面、治水面から問題点等についての説明があり、基本高水を下げることによる安全性について議論が行なわれた。

四月十一日に行なわれた第九回検討委員会でも、基本高水についての激しい論争が続いた。最初に行なわれた財政WGの報告で、「ダム中止の場合に見込まれる経費（国庫補助金の返還、利水者負担金の返還、建設工事不履行に伴う賠償金等々）」、「ダムを建設した場合の、ダム撤去まで含めた維持管理費（堆砂の浚渫搬出費用、老朽化補修費用、ダム撤去費用等）」、「基本高水を下げた代替案を採用し、災害が発生した場合の費用（損害賠償等）」の問題点が提起され、県の財政が極めて厳しい状況にある折り、「どういう案であろうともかなり困難な問題も起こり得るというふうに想像されます」とのことだった。

基本高水WGから出された「基本高水算出方法の主要な問題点とその解決方法について」は、WGの三人の委員の意見がまとまらず、大熊・高田両委員の連名で提出され、県河川課も参戦して議論が交わされたが、これにより、基本高水の問題点が浮き彫りにされたといえる。

大熊は、一つの計画規模雨量に対して、その流出計算結果の流量に二倍から三倍の開きが出ること、実績降雨の計画規模への引き延ばしの問題等を指摘し、基本高水の最終案は、雨量の計画規模以外に、既往の洪水、河川改修の進捗状況、ダムサイトの安全性、環境への影響、財政、地域住民の意向といったものを総合的に判断して決められるべきであると述べた。

砥川部会の報告に続いての浅川部会の報告では、千曲川との構造的な関係による内水氾濫と外水氾濫の問題が指摘され、穴あきダムによる洪水調整がかえって内水氾濫を長引かせる可能性、また浅川上流域の乱開発、ゴルフ場や産廃処分場による水質汚染、下流域の都市開発等が浅川の負担を大きくしている実態が報告された。

浅川ダム予定地のダムサイトの安全性が地附山《じづきやま》災害との関連で提起された。隣接する地附山では一九八五年七月に地すべりが発生し、死者二六名、全半壊家屋六四戸という大惨事があった。

技術検討委は、第四紀断層の存在を否定したが、部会での追加調査により、FV断層が第四紀断層（活断層）と確認され、地附山地滑りの発生原因であるスメクタイトの存在も指摘された。

浅川部会報告も、砥川部会と同じく両論併記であった。

第一案は、「ダムと河川改修を含めた総合的な治水対策案」で、基本高水は現計画の四五〇m³／秒が妥当であるとし、穴あきダムで一三〇m³／秒の内の一〇〇m³／秒をカットするというものである。

第二案は、「河川改修と流域対策の総合的治水案（ダムによらない案）」で「現計画の基本高水は過大であり、確率雨量を含めて再検討するか、既往最大相当の洪水を基準とするなど、納得できる基本高水を算出、選定する」とした（公聴会の時点では、基本高水を、カバー率七〇％の三三〇m³／秒として提案している）。

基本高水と治水安全度

五月二日に行なわれた第一〇回検討委では、砥川部会および浅川部会から出された代替案を巡って議論が交わされた。砥川・浅川両部会から出された代替案は、基本高水を下げるというもので、その場合、カバー率は七〇％程度（『基準』の許容範囲内）になる。

これに対して、県河川課は、基本高水を下げることに難色を示し、「現計画の基本高水流量、浅川四五〇㎥／秒、砥川二八〇㎥／秒は、計画規模に対応する適正な流量であると考えます。現計画の基本高水流量を下げることは、治水の安全度を下げることと同義であり、流域住民の生命、財産の安全を確保するためには、合理的な理由がない限り許されないと考えております。以上が『河川課の見解』です」と代替案を否定した。

委員の中から、基本高水の基本的な考え方について、国土交通省の見解を聞きたいという質問書が出され、次回までに回答を求めることになった（詳細については浅川ダムの項参照）。

五月九日に開かれた第一一回検討委では、基本高水WGから出された「基本高水に関する考え方」と、「国土交通省（国交省）の回答」が、真っ向から対立した。

基本高水WGの二名の委員（大熊、高田）は、「基本高水は科学的唯一解ではなく、選択の問題である」と主張するが、国交省河川局からの回答では、「長野県の用いた手法は適正なものと考えている」とし、「治水計画を立案する上で考慮せざるを得ない対象降雨から求められた最大流量が、他の手法による方法とも比べ妥当な値と判断されるにもかかわらず、基本高水を下げることは、安全度を下げることと同義である」、「同種、同規模の河川の管理の一般水準等に照らして、通常有すべき安全性を備えているか否かが判断基準とされており、これを備えていないと認められるにいたった場合には、河川管理に瑕疵があるとして、河川管理者は国賠法上の損害賠償責任を問われる可能性がある」とし、基本高水を下げることは認めないという対応である。このことは、答申を受けた後の田中知事が出した「枠組み」にも影響してくる問題である。

大熊らは、国交省の定めた『基準』に準拠してカバー率（六〇〜八〇％）を選択しようというのであるが、国交省は、一〇〇％のカバー率により基本高水を設定するよう各県を指導してきたので、これを適正の範囲に戻そうとする大熊らを、「下げることは安全度を下げることと同義」として、一方的に否定する。このような国交省の対応には、委員の間から非難の声が挙がった。国交省はこれまで様々なダムを中止しているが、「合理的水準」がどのようなものか、検討委員会に国交省河川局長の出席を求めて説明してもらおう、という意見も出された。

次いで行なわれた財政WGの報告も、論議を呼んだ。

「ダム＋河川改修案」と、「河川改修単独案」の両論について、砥川・浅川両部会の概算金額が説明されたが、問題とされたのは、「河川改修単独案」の場合、ダムを中止することになるので、これまで交付されてきた国庫補助金の返還の金額が多額になることである。

浅川ダムの場合、「ダム＋河川改修案」では、国費一七八億円、県の一般財源七三・五億円、その他費用五・六億円で合計二五七・一億円が計算された。「河川改修単独案」では、国費七五・三億円、県の一般財源四〇・六億円、合計一一五・九億円になる。以上が今後支出する予定の金額の概算であるが、浅川ダムはすでに国庫補助を受けて事業が行なわれており、二〇〇億円余が支出済みである。

「河川改修単独案」はダム中止ということになるので、過年度国庫補助金・加算金等々の金額の返還は、概算で、最大四二一億円に達することになる。

万一、補助金等の返還ということになれば、容易ならざる事態となる。

具体的な答申の起草にむけて

五月十七日の第一二回検討委に、長野市より、昭和十二年七月洪水の「実績雨量による流出量の試算」が資料として提出された。昭和十二年の長野市の洪水被害の時に、浅川のピーク流量が、治水基準点で四一五m³／秒となったとのことである。このときの被害は床下浸水二千数百戸、床上浸水五百余戸、倒壊流出家屋八戸、死者三名、行方不明三名、田畑の流出、道路の決壊など甚大なものであった。県では、洪水到達時間内の降雨強度が一〇〇年の確率を大きく超えるということで、このような引き伸ばし後の降雨は棄却の対象となる、と説明した（浅川部会の特別委員であった長野市長が記者会見をし、前回の会議にも一部資料が提出された。浅川部会中に出さず、なぜ大詰めにきたこの段階の検討委に突然出されたのか?）。

並行して進められている黒沢川部会、郷士沢川部会、上川部会の報告があり、次いで国交省からの回答が披露されたが、七つのうち二つしか答えず、ある委員は「県が設定しているあの基本高水は正しい。大熊委員やその他住民が出している基本高水は間違っている。ということでしょう」（議事録）と発言している。

財政ＷＧの報告では、国庫補助金の返還が問題となったが、政府の「地方分権委員会」で補助金問題を検討した過程を見ると、「正当な理由がある時は補助金を返さなくてもいい」という解釈も成り立つとの意見も出された。つまりダム事業を中止しても国庫補助金四二一億を返さなくてもいいということである。何が正当な理由かということについては、工事中止の要件の正当性と、手続きの合理性が挙げられた。手続きとしては公共事業評価委員会があるが、この検討委員会も、「正当な理由の最も大きな証拠になる」という意見も出された。

浅川・砥川に共通な、しかも一番大きな問題として、地質の問題が提起された。特に、浅川ダム予定地の地質の問題では多くの意見が出された。

浅川ダム予定地は、かねてから、住民団体が「地滑りの恐れ」をダム建設に反対する最大の争点としていた。このため、県では、技術検討委に諮問して、「ダムの建設に影響の出るような第四紀断層は存在しない」というお墨付きを得てゴーサインを出したところである。しかし、検討委員会の地質の専門委員が調査をした結果、第四紀断層の存在が確認された。ダムサイトの地質の安全性については意見が分かれ、再度論議をすることになった。この地質の問題が、ダム中止の合理的理由になる可能性が高い（浅川ダム参照）。

五月二十三日の第一三回検討委では、まず、浅川ダムの第四紀断層の二次調査について、概算費用二〇〇〇万円、期間は三カ月程度ということが報告された。住民に納得してもらうため調査すべきだということで、ダムを選択した時には、第二次調査の実施を前提とすることになった。

砥川・浅川両部会の報告を基に算出された財政WGの報告について意見交換が行なわれ、財政を優先して安全度を下げることの適否についても論議された。

財政に続いて環境の面からの意見交換を行なった。ここでも、開発か自然保護かということがあり、「環境に配慮するということは分かりますが、しかし、そのことによって、公共的な事業がストップされるというのは私どもの感覚で理解できなくて、私は非常にその問題についてだけは、地域の実情の分からない人たちにいろいろいわれたくないという思いをもっておりますから、環境に配慮するという程度で十分だという風に思っております」という意見もある委員（自治体の長）から出された。

答申を書く作業の進め方が話し合われ、起草委員会を設置することになり、委員長のほか財政、利水、基本高水、森林のWGの座長と地質の専門委員を加えた六名が起草委員となり、答申（案）を作成することになった（森林は座長の都合により交代）。

どういう方向で答申を書くかということで、「決を採るということはなるべく避けた方がいい」、「まったく両論併記で、どっちか分からんというのだけは避けなければいかんのではないか」など意見が出され、名前を明記した意見書を委員長に提出し、それを起草委員会で集約して起草委員会素案を作り、これを検討委で審議をすることになった。

意見書は、両論（ダムあり・ダムなし）併記の部会報告のどちらを支持するかを、浅川と砥川、別々に書くこととし、五月二十七日の朝九時までに治水・利水検討室に必着とした。

起草委員会は、二十六日二十時より打ち合わせを行ない、以後、集中的に作業を進め、作成した素案を事前に各委員に配布し、六月七日の第一四回検討委員会で審議をすることになった。

2　答申起草とその後

起草委員会での作業

起草委員会は五月二十六日、二十七日、三十日、三十一日の四日間に掛けて作業を行ない、総論部分については、各WGの委員が担当して原案を作成し、文章化の方向もほぼ目処が立った。

三日目になって、結論部分をまとめる作業になってからは難航した。両論併記は避けたいが、しかし、起草委員の内、一名はダム案支持で、ほかの五名はダムなし案支持であったので、答申案の一本化にはかなりの時間を要した。

特に、結論部分のまとめ方については激論となり、空中分解の危機も何度かあり、両論併記もやむなしという時もあったが、最高裁判所大法廷の判決のように、「多数意見でまとめて少数意見を付す」という提案に、ダム案の委員も「多数決ならやむを得ない」と歩み寄りを見せ、ギリギリの合意が出来た（あの時点で、多数決を否定されたら、起草委員会は解散し、答申案も出来なかったかも知れない）。

答申案作成の段階で、各検討委員から寄せられた意見書は委員長のみが把握し、起草委員が意見書を見たのは、起草委員会三日目（三十日）の夕方、答申案をまとめる方向が決まってからである。それまでは、委員の意見分布については、新聞等で大方の予想はついていたものの、意見書としては把握していなかったというのが事実である。

第一四回検討委で、結論部分について論理がないという批判を受けたが、このことについては、五十嵐委員が、「価値判断。そうするとそれ自体が一つ一つまた意見が分かれてるんです。浜さん（利水WGの座長＝著者注）から強い注文がありましてですね『そこは絶対入れてくれるな』ということなんですよ。それで恐らく十時間超えていますよ。いろんなこういうやり取りが。それで改めてこれ全部を放棄しまして完璧にとられるようにずーっと来たんですよ。それが事実経過です（原文のまま）」（第一四回検討委員会議事録）と発言している。

結論部分については、まとめる方向を確認しただけで、五十嵐委員の、ダムなしに向けての格調高い「前文」を没にせざるを得なくなり、「結論」の文章化は委員長に一任した。それ以後、起草委員は、「結論」部分については、第一四回検討委で公表されるまでは見ていない。

答申案の審議

六月七日の第一四回検討委員会は、浅川、砥川の答申案をめぐり、十時間近い長丁場になった。

結論の部分は後で発表するとのことで、第一章から第六章までが、浅川部会、砥川部会の別に報告され、審議した。様々な意見が出され、加筆・訂正が行なわれ、答申の前半が了承された。

第六章　総合的判断（要約）は以下の通りである（【信濃川水系浅川】のみ収録）。

A案「ダム＋河川改修案及びそれに対応する利水計画」

(1)　治水計画

超過確率一〇〇分の一の計画規模での計画雨量一三〇㎜／日に基づいて流出計算された洪

水ハイドログラフ群に対してカバー率一〇〇%として、昭和六十一年九月降雨パターンによる千曲川合流点の基本高水流量を四五〇m^3／秒と想定し、このうち一〇〇m^3／秒を浅川上流に建設するダムで調節し、残りを河川改修で対応する。

(2)　利水計画

長野市の水需要計画に基づいて、浅川ダムからの取水により五四〇〇m^3／日を供給する。

B案「ダムによらない河川改修単独案及びそれに対応する利水計画」

(1)　治水計画

既往最大流量相当と推定される昭和三十四年降雨パターンから流出解析によって算出された三三〇m^3／秒を千曲川合流点の基本高水流量と想定して、ダムを建設することなく、河川改修のみにより対応する。これは、「河川砂防技術基準（案）」に照らせば、上記A案のハイドログラフ群に対して、カバー率がほぼ七〇%に相当するものである。

(2)　利水計画

長野市の水需要計画は、過大であって水不足はないと考える。

次いで、委員長作成のA四版一枚の「結論」が披露された。前書きに続いての「答申」は舌足らずの文書であり、多くの委員から異論が出された。問題となった原文は以下のとおりである。

「これまでに委員会審議の概要ならびにこれについて委員から寄せられた意見を総合して、委員会は浅川の総合的治水・利水対策として、Ｂ案すなわちダムによらない河川改修単独案およびそれに対応する利水案が妥当であると考える」（砥川もほぼ同文）。

一五名の検討委員が委員長に提出した意見書の内訳を見ると、「浅川」に関しては、Ａ案支持五名、両論併記一名、Ｂ案支持九名であり、「砥川」に関しては、Ａ案支持四名、両論併記二名、Ｂ案支持九名であるが、この答申では、全員がＢ案を妥当とした形になり、少数意見が無視されている。Ａ案支持の委員から、このまとめ方に反論が出たのは当然であり、起草委員からも、「結論」部分のまとめ方について批判の意見が出され、紛糾した。

浜委員が、「私の主張してきた、起草委員会で主張申し上げてきたこと。『これまでの委員会審議の概要ならびにこれについて委員から寄せられた意見を総合し、その多数を優先して結論を導き、委員会は浅川の総合云々』というふうにつなげていただければ私はそれで結構です」（第一四回検討委員会議事録）との発言を受け、結論が修正され、以下のようになった。

「これまでの委員会審議の概要及びこれについて委員から寄せられた意見を総合して、その多数を優先し、委員会は浅川の総合的治水・利水対策として、Ｂ案すなわちダムによらない河川改修単独案及びそれに対応する利水案を答申する。なお、Ａ案を支持する意見もかなりあったことを付記する」

多数意見を優先してB案を答申するが、A案支持も多かった、ということである。
答申は、検討委員会終了後直ちに、宮地委員長、大熊委員長代理が、知事に手渡した。

答申と枠組みの乖離

検討委員会からの答申を受けた田中知事は、六月二十五日に、長野県議会六月定例会において、「浅川及び砥川の治水・利水の枠組み」を示し、議会の理解を求めたが、議会の了解は得られず、不信任案が提出され、可決成立し、知事が失職した（その後、九月一日の知事選挙において、ダブルスコアーという大差で再選された）。

田中知事が、議会に示した「枠組み」は以下の通りである（浅川のみ記載）。

【浅川に関する治水の考え方】（要約）

○基本高水流量について

「今後、答申の趣旨を踏まえ、浅川の流量調査を詳細に実施する等の作業を通じて、長野県は基本高水流量を再検討することとし、その結果が出るまでは、治水対策の目標である一〇〇年確率の基本高水流量は現行の四五〇㎥／秒を当面の治水対策の目標とする」

○治水対策の骨格について

第一点、「国で定めている『河川砂防技術基準（案）』によると、C級の河川に位置付けられている浅川の治水安全度のおよその基準は一／五〇～一／一〇〇となる。これを踏まえ、少なくとも五〇年確率相当の流量への対応を第一に確保していく。この流量は、現時点までの長野県の試算では、先の基本高水流量の約八割となり、答申に於けるいわゆるB案の基本高水量と比較すると、試算値の方が若干大きな流量となる。長野県は、河川改修事業によって、まずこの流量への対応を何よりも優先して実施する」。

第二点、「残る約二割の流量への対応は、長野県治水・利水ダム等検討委員会の答申でも示されたとおり、森林の整備、遊水池や貯留施設の設置等の『流域対策』で対応する方針とする」。

第三点、「浅川固有の課題として、千曲川合流部付近の内水氾濫の問題があり、検討委員会及び部会の議論の過程で、内水氾濫対策の必要性は一致した意見であったと認識される。今後、調査・解析等、積極的な検討を行ない、実施可能な対策を長野県としても講ずることとする」。

「以上、約八割を受け持つ河川改修、これを補完し一〇〇年確率相当の治水安全度を目指す流域対策、これとは別に住民からの要望が強い内水氾濫対策、これらを実施するには、方法論、効果の予測、費用の確保等々、課題の解決にはそれぞれに要する時間も異なる。先に述べたとおり、先ずは河川改修事業を早急に実施し、一刻も早く流域住民の皆様に安心いただけるよう努力する。その為にも、河川整備計画が国の認可を得られるよう努力を重ねねばならない」

以上を推進するため、「治水・利水対策推進本部」が設置された。

しかし、この「枠組み」は、検討委員会の答申を尊重しているといえるのだろうか。

基本高水は現行の四五〇〇㎥／秒のまま、治水安全度を一〇〇年確率から五〇年確率に引き下げ、河川改修で基本高水の八割を受け持ち、森林整備等で二割を受け持つというが、検討委員会で激論を重ねた基本高水論争は何だったのだろうか。

基本高水四五〇〇㎥／秒は下げないという県河川課や国交省の意向に逆らえなかったのか。

大熊委員も、「われわれは（基本高水を）下げるという答申を出したわけですけれども、それが下げられないというのは、やはり、いまの国土交通省の考え方やなんかの反映だろうというふうに私は考えています」、「私は今回の浅川、砥川のこの出てきた枠組みというのはわれわれはこれにとらわれていたら、できないんではないかというふうに考えています。そういう意味では、これはあくまで、知事なり、執行機関が決定したことであって、われわれ検討委員会とは関係がないというふうに考えるべきではないかと思うんですけどね」（第一五回検討委員会議事録）という意見を述べている。

高橋政策秘書室長も、「枠組み案でいきますと、いままでのこの委員会の議論が水の泡になってしまうんではないかということですが、今回、田中（前）知事が判断いたしました、この枠組み案につきましては、この委員会の答申そのものではありませんが、現地対応も考慮してですね、最大限、委員会の答申を尊重して作成したものでございます」、「枠組み案はあくまで知事が決定したものでございます」と述べている。

答申の「ダムによらない」ということだけをつまみ食いしただけで、これをもって、ダム中止の「合理的な理由」といえるかどうか、疑わしい。

答申案を採用するかどうかは、行政の長の判断であるが、これが「長野モデル」なのか。

これまで、県河川課および国交省は、基本高水を高めに設定し、ピーク流量をダムでカットするという論理で、各地にダムを建設してきた。

検討委員会での基本高水論争は、県・国交省と住民サイドとの戦いであり、適正な基本高水が設定されれば、ダムによらず、河川改修で十分対応できることを立証するものであった。

過大に設定された基本高水を下げて、適正な基本高水を住民が選択するということを、県河川課や国交省に認めさせることことが、検討委員会での基本高水論争ではなかったか。

「枠組み」は検討委員会が出した「答申」の持つ意味を無惨に砕いてしまった。

「枠組み」は、「ダムなし」とはいえ、その志は、「答申」とは似て非なるものである。

その後の検討委員会の動向

検討委員会の委員の任期は二〇〇三年六月二十四日である。

諮問を受けた九河川の状況をまとめると以下の通りである。

部会からの報告は、浅川（浅川ダム）、砥川（下諏訪ダム）、郷士沢川（郷士沢ダム）、角間川（角間ダム）の四部会が両論併記、上川（蓼科ダム）、黒沢川（黒沢ダム）の両部会が「ダムなし案」、駒沢川（駒沢ダム）部会が「ダムによる案」を報告した。薄川（大仏ダム）、清川（清川ダム）は部会をつくらず小グループで審議し、「ダムなし案」でまとまった。

九河川の内、八河川が、「ダムなし案」で答申された。

部会報告で唯一「ダム案」を選択した駒沢川流域については、部会および検討委員会において、治水計画策定時の駒沢川の流域面積の決定方法に問題があることが指摘され、県も流域面積の見直しは必要であり、また基本高水流量の検討のためには基準点における流量観測が必要であるとの見解を示した。

この流量観測には数年を要することから、検討委員会は、駒沢川における現行のダム計画を当分の間「凍結」して、流量観測、基本高水流量の再検証などを含めて、駒沢川の治水計画を根本的に再検討すべきであると判断した（駒沢川における総合的な治水・利水対策について〔答申〕より）。

任期最終日の六月二十四日に、角間川、駒沢川の答申と「治水・利水問題についての総括的提言」を提出し、検討委員会の二年間の審議はすべて終了した。

長野県治水・利水ダム等検討委員会は、二〇〇一年六月二十五日に第一回の検討委員会を開催してから二〇〇三年六月二十日までの二年間に、三三一回の検討委員会を開催した。

この間、九河川については、部会や小グループによる審議を重ねた。浅川（部会一〇回、公聴会一回）、砥川（一三回、三回）、上川（一四回、一回）、黒沢川（一五回、一回）、郷士沢川（一五回、一回）、角間川（一二回、一回）、駒沢川（一〇回、一回）、薄川（五回、一回）、清川（三回、一回）と、会議数は、検討委員会、部会等で一四〇回を数えた。五日に一度の計算になる。

このほか、現地調査も検討委員会・各部会等を合わせて、一二〇回以上あったと思う。

部会の開催は土・日・休日が多かったし、午前九時から午後七時までというロングランもあった。この間、治水・利水検討室、幹事会メンバーと関係職員、地方建設事務所職員、関係市町村職員の方々には、本当にお世話になった。県河川課には、時には足を引っ張られたこともあったが、幹事会は、資料の作成、県の支援策策定、脱ダム債の適用など、協力的であった。

特に、県河川課内に設置された「治水・利水検討室」の田中幸男室長以下のメンバーは、早朝県庁を出発して各部会の現地での準備にあたり、長時間の会議が済んだ後、県庁に帰ってからも夜遅くまで、資料整理や準備にあたっていた。検討委員会が支障なく仕事が出来たのも、このメンバーの「縁の下の力持ち的働き」によるものである。

［追記］
長野県は二〇〇三年四月二十四日に、ダム計画を中止した浅川（長野市）と砥川（諏訪郡下諏

訪町）の河川改修計画をまとめ、五月七日に浅川の、八日に砥川の流域説明会を開き、流域住民に改修計画原案を説明した。

今後は、治水・利水対策の実現に向け、住民と行政がともに考えていくことを目的として、必要に応じ、「流域協議会」を設置することになり、参加を希望する全員を会員として登録し、県が策定する計画に対する提言を求めることになり、まず、浅川と砥川に設置されることになった。

砥川については、会員の公募を始めたが、浅川については、六月時点で、「流域協議会」発足の目処が立っていない。ダム建設の是非について、長野県と長野市の意見の対立があり、県知事選のしこりの後遺症もあるといわれている。浅川ダムの問題解決には、まだ相当の日時が必要と思われる。

改修計画原案は先に示された「枠組み」に基づくものであり、基本高水は、国交省よりのダム案のままとし、その八〇％を河川改修を行なう、として、残りの二〇％は森林整備等で対応するというものである。

検討委員会で論争を重ね、答申にも示された、「基本高水の引き下げ」は、国交省・県河川課の抵抗で実現できなかった。今後は、新設される流域協議会において検討を重ねることになるだろう。

【注】

1　学識経験者等の第三者から構成され、再評価委員会または市町村長から審議の依頼があった場合に、意見の具申を行なう。その他、監視委員会が必要と認めたものについて審議する。県は、監視委員会より意見の具申があったときは、これを最大限尊重する。

2　公共事業における効率的な執行及びその実施過程の透明性の一層の向上を図るため、設置要項により定められた県庁内の組織で、委員長は副知事、委員長代理は総務部長があたり、庶務は土木部監理課に置く。再評価案及びその対応方針案を作成する場合、長野県公共事業評価監視委員会の意見を聴取する。

3　粘土鉱物の一つのグループで、古くはモンモリロナイトと呼ばれていた。自由に膨潤できる状況下で水が供給されると膨潤し、強度が低下する性質がある。地附山地滑り災害の原因といわれている。

第二節　浅川ダム

1　計画の概要

ダム計画の経過

浅川は長野市北部の飯綱山麓を源流とし、長野市の市街地を流下し、豊野町を経由して小布施町地先で千曲川に合流する、流路延長一七キロ、流域面積六八平方キロの一級河川である。

河川改修の行なわれる前は著しい天井川を呈し、古くから水害を起こしていたので、一九七六（昭和五十一）年に、「河川改修単独案」を地元に提示したが、河川拡幅を八〇メートルとしたため、家屋の移転や優良農地の大規模買収という点で地元の理解が得られず、「ダム＋河川改修案」に計画を変更し、治水安全度を一〇分の一から一〇〇分の一に向上させるということで地元と合意した。

一九七七（昭和五十二）年から河川改修に着手し、二〇〇〇（平成十二）年度までに天井川部分の改修もほぼ終わり、全体の約八〇%が完成している。

浅川ダムは長野市浅川一ノ瀬地先に計画された重力式コンクリートダムで、堤長五九m、堤頂長一九三・五メートルの穴あきダム（自然調節方式）で、総貯水量は一六八万トンである。

ダムサイトは、長野市の市街地から僅か一キロしか離れていない。

建設目的は①洪水調節（一三〇m³/秒の洪水を、ダムで一〇〇m³/秒カット）、②流水の正常な機能の維持、③水道用水の確保（長野市に一日五四〇〇トンの水道用水を供給）である。

一九七七年四月に実施計画調査が採択され、一九八五年四月に建設事業に着手したが、ダム地点周辺に地すべり地が密集しているため、ダムサイトの決定に手間取り、一九九一年になって、ようやく、ダム建設地点が決定された。この間の事情について、内山卓郎は、『世界』（岩波書店・二〇〇一年四月号）と『国土問題六〇号』（国土問題研究会）に以下のように記している。

一九八五年七月に、ダム建設予定地から南西僅か一・六キロしか離れていない「地附山」で地すべりが発生し、死者二六名、全半壊家屋六四戸という大惨事が発生した。この引き金となったのが、戸隠有料道路（バードライン）で、この道路は一九九八年二月に開催されたオリンピック施設（ボブスレー・リュージュ・フリースタイルスキーの競技会場）への到達道路に予定されていた。到達道路が崩壊し、長野市の市街地と飯綱高原を結ぶ道路がなくなったことで、目を着けられたのが、浅川ダム関連の付替道路である。

オリンピック道路建設を優先させた長野県は、地質条件が劣悪だったためにダム地点を決め

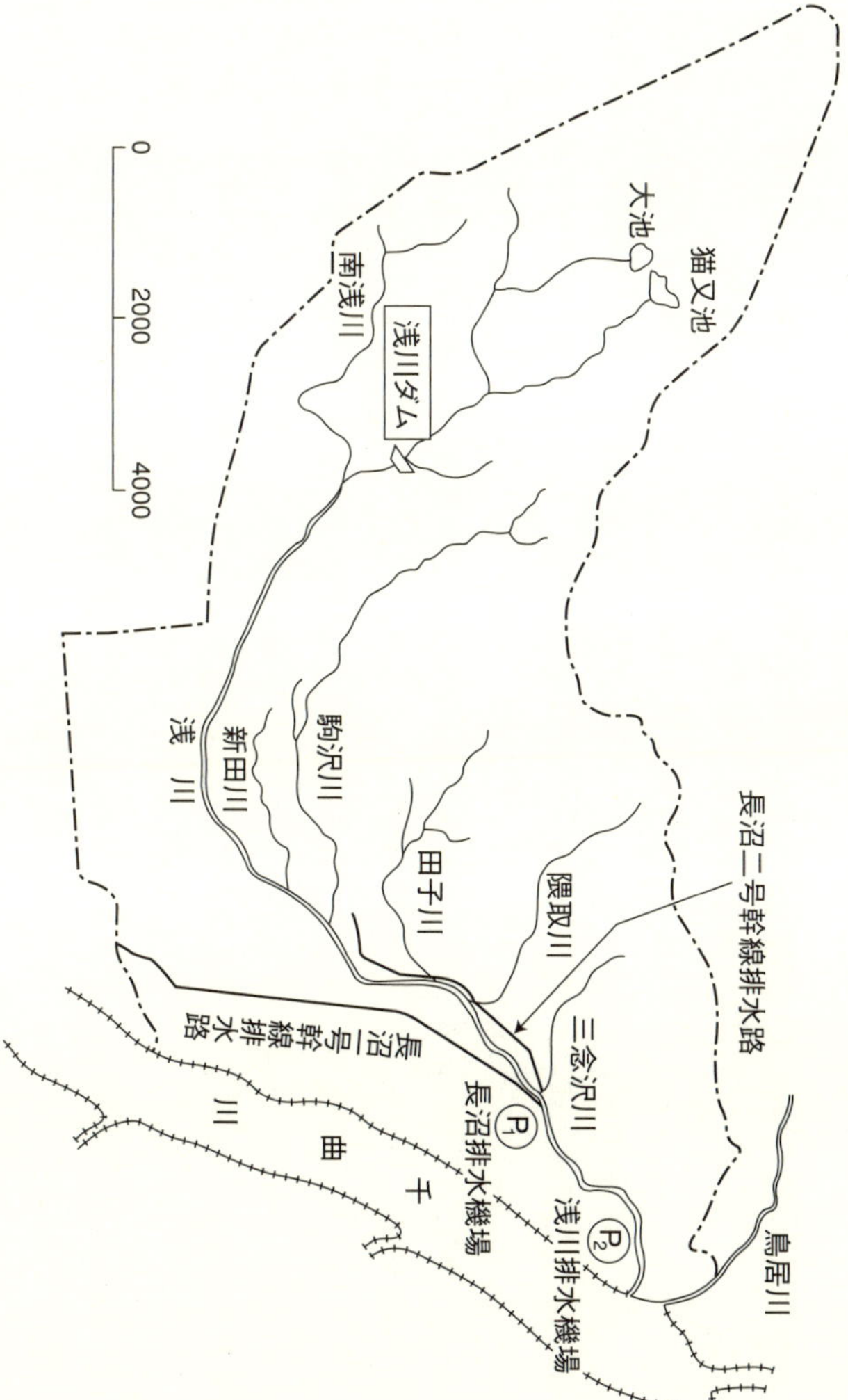
猫又池
大池
南浅川
浅川ダム
0
2000
4000
駒沢川
新田川
浅　川
田子川
隠取川
長沼二号幹線排水路
三念沢川
長沼二号幹線排水路
P_1
長沼排水機場
P_2
浅川排水機場
鳥居川
千曲川

浅川流域の概要

ることができなかった浅川ダム計画を浮上させ、一九九一年にダム建設地点を決定した後、一九九二年に、ダムの付替道路としてループ橋によるオリンピック道路を決定し、一九九三年に建設工事に着手し、一九九六年に完成させ、オリンピック道路として供用を開始した。

付替道路計画が先行し、ダム軸が後で決まるという逆転現象である。

浅川ダムの総事業費は当初は一二五億円だったが、一九九六年に三三〇億円、一九九九年に四〇〇億円となった（二〇〇二年に検討委に財政WGが提出した試算では、四五〇億円に達している）。

進捗率は五〇・二％で、すでに二〇〇億円が支出済みといわれているが、そのほとんどがオリンピック関連道路と河道改修への支出で、まだ本格的な本体工事には着手していなかった。

浅川ダム予定地が地すべりの危険地帯であるということで、「浅川ダム建設に反対する市民連絡会」等が、一九九五年十一月に「ダム建設工事差止」の住民監査請求を行ない、一九九六年一月に請求を却下されると、二月に住民訴訟を提訴し、二〇〇〇年六月に「浅川ダムへの公金支出差止」の住民監査請求を行ない、八月に棄却されると、九月に住民訴訟を提訴した。

長野県は、一九九九年七月に「浅川ダム地すべり等技術検討委員会」（以下技術検討委という）を設立し、技術検討委は、七回の委員会審議を経て、二〇〇〇年二月、安全宣言を出した。

これを受けて、同年四月二十四日に「長野県公共事業評価監視委員会」が、「浅川ダム事業の執行に当たっては、下記事項に留意の上進められたい」という意見書を「長野県公共事業再評価委員会」（以下再評価委という）に提出し、これを受けて、再評価委が事業の継続を決めた。

付記された事項は、①浅川ダムの安全対策については、「浅川ダム地すべり等技術検討委員会」の意見書を十分踏まえ、速やかに事業を進められたい、②地域の住民に、ダムの必要性・安全性などについて、引き続き十分な説明をされたい、③ダムの建設に当たっては最新の技術を採用し事業費の縮減に努められたい、というものである。

九月にダム本体工事の契約を県議会が承認した。契約金額は一二九億一五〇〇万円である。

十月十五日に長野県知事に当選した田中康夫は、十一月十五日の定例記者会見で、二十二日の浅川ダム予定地の現地調査まで伐採作業着手の延期を求める意向を表明し、二十二日に、浅川ダムの現地調査と住民対話集会を行ない、その場で「一時中止」を表明した。まさに本体工事に取りかかろうとしていた矢先のダム事業の「一時中止」は各方面に大きな波紋を投げかけた。

二〇〇一年六月から始まった長野県治水・利水ダム等検討委員会（以下検討委という）で、対象九河川の一つとして浅川の総合的治水・利水対策を審議することになり、浅川部会を設置して、十一月二十三日から翌年三月三十一日まで、一〇回の部会と一回の公聴会（部会主催）が開催された。

二〇〇二年四月十一日の第九回検討委に、浅川部会・砥川部会より、「両論併記」の報告が提出され、検討委で審議を重ね、二〇〇二年六月七日の第一四回検討委で答申案を作成し、同日、田中知事に答申した。答申を受けた田中知事は、「浅川及び砥川の治水・利水の枠組み」を決定し、六月二十五日に、長野県議会六月定例会に提案した（各論第一章第一節参照のこと）。

浅川ダムを推進する理由・反対する理由

浅川は、しばしば洪水被害を繰り返し、流域住民は破堤、氾濫の不安にさらされてきた。「洪水時に、合流する千曲川の増水と重なることが多く、千曲川の水位が高い場合、浅川の水が流下できないことによる氾濫（一次内水氾濫）と、浅川の水位が高い場合、支川などの水が浅川へ流れ込めないことによる氾濫（二次内水氾濫）などが、下流域の洪水被害を深刻にしている。浅川の洪水被害は、上中流部における流下能力不足による外水氾濫と、千曲川との地形的、構造的な関係から来る内水氾濫によるものである」（浅川部会報告より）

内水氾濫を解消するために、下流流域住民は、「ダムと河川改修」に合意した。

一〇〇分の一の計画雨量一三〇㎜／日に基づいて流出計算された浅川の基本高水は、治水基準点で四五〇㎥／秒（カバー率一〇〇％）となるが、洪水調節容量一〇〇万トンのダムができれば、ダム地点で、一三〇㎥／秒の流量の内の一〇〇㎥／秒がカットされ、内水氾濫を防ぐことができるとされた。下流流域住民はダムができれば内水氾濫は解消すると信じ込まされてきた。

一方、ダムサイトの地質の安全性に疑問を持つ住民は、地すべりによるダム崩壊の危険を指摘し、ダム建設に反対してきた。ダム建設に反対する住民側の特別委員は、既往最大流量相当と推定される基本高水を三三〇〇㎥／秒（カバー率七〇％）と想定し、ダムを建設することなく、河川改修のみによって対応できるとした。

下流流域の内水氾濫を軽視するものではないが、内水氾濫を引き起こす原因は千曲川との構造的な関係にあり、ダムができても内水氾濫は解消されないこと、また、穴あきダムにより、ダムに長時間大量の水がせき止められ、かえって内水災害を助長することなどを明らかにした。

賛否両論について、「総合的な治水・利水対策について（答申）」の総合的判断に記載されたA案及びB案を支持する理由は以下の通りである。

A案　「ダム＋河川改修案及びそれに対応する利水計画」を支持する意見

(1)　治水について

①　基本高水流量は過大でなく流出解析は適正。

基本高水流量四五〇〇㎥／秒は妥当。基本高水を下げることは、治水安全度を下げるものであって（国土交通省）、住民生活の安全を保障できない。

②　ダムの安全性は確認されている。

ダムの建設は土木工学的には可能である。

ダム建設に支障のある第四紀断層は存在しない。また大規模な地すべり発生の心配はない（「浅川ダム地すべり等技術検討委員会」報告）。また、F―V断層がダム建設に支障となるとは考えにくい。

③ ダムの洪水防止効果は大きい。

④ ダム建設を前提として河川改修など工事の進捗率が高い。

⑤ 河川改修単独案で国の認可が得られるか？

⑥ ダム中止に伴って予想される経費の負担は県財政を圧迫する。

⑦ 公聴会における住民の支持。

(2) 利水について

① ダムからの取水は自然流下でコストも低いし、浅川の水質は良好。

② 渇水によって水道水源が窮地に追い込まれた経験もある。安定した水源の確保および危機管理からもダムからの取水は必要。

③ 水道事業については、水道事業者の意見を尊重せよ。

B案 「ダムによらない河川改修単独案及びそれに対応する利水計画」を支持する意見

(1) 治水について

① ダムサイトの地質調査は不十分で、第四紀断層の存在が指摘された。このように、調査が不十分で地質の不安定な場所にダムを建設すべきでない。

② ダムの建設が、内水氾濫を助長する可能性がある。

③　ダムの堆砂除去問題は深刻。
④　ダム建設によるオオタカなど生態系の破壊が懸念される。
⑤　公聴会における住民の支持。

(2)　利水について
従来の長野市の最大供給実績量は供給可能水量を下回っており、新規水源は必要ない。

2　ダムサイトの安全性

浅川ダム地すべり等技術検討委員会の設立

ダムに反対する理由としていくつかの項目が挙げられているが、浅川ダムの中止を決める「合理的な理由」は、ダムサイトの安全性と過大な基本高水の問題である。特に、浅川ダムの建設に反対する最大の理由は、ダムサイトの地質の安全性についてである。

長野県は、本体工事を始めるに当たり、一九九九年七月、「浅川ダム地すべり等技術検討委員会」を設立して、ダムサイトの安全性について「お墨付き」を出してもらうことにした。

設立趣意書によれば、「浅川ダムは長野市浅川一ノ瀬地先に建設される多目的ダムである。昭和五十二年度よりダム建設に必要な水文、地質等の調査を進めてきた。調査の結果、ダム建設は可能と判断し、地域の住民にダムの安全性、必要性について説明してきた。用地買収も完了し、平成八年には付替道路も完成した。ダム建設にあたり、貯水池周辺の地すべり等の安全対策について、専門的な知識を持つ県内外の学識経験者により、今まで県が行なってきた調査結果を踏まえ、客観的に技術検討をしていただくため、委員会を設立する」とあり、検討事項としては、①貯水池周辺の地すべりについて（地すべり地の範囲、すべり面の推定等の調査解析並びに対策工について）、②第四紀断層について（第四紀断層の調査内容の検討）の二項目に限定されていた。

二〇〇〇年二月に、技術検討委は、「全委員の合意による意見書とすべく審議を重ねてきたが、奥西一夫委員とは合意に達することが困難であったため、残る九人の委員の意見をとりまとめ、意見書とした」という意見書を提出した。意見書の概要は以下の通りである。

(1) 貯水池周辺の地すべりについて
　地すべりブロックの選定、規模の想定及びその調査・解析・対策の方法は、おおむね妥当である。

(2) 第四紀断層について
浅川ダム建設予定地には、ダム建設に支障となる第四紀断層は存在しない。

(3) ダムサイト下流右岸の山頂緩斜面付近にみられる溝状及びスポット的凹地について
ダムサイト下流右岸の山頂緩斜面付近にみられる溝状及びスポット的凹地は、ダム建設に影響を及ぼすようなものではない。

ダムサイト下流右岸の山頂緩斜面付近にみられる溝状及びスポット的凹地は、第四紀断層の存在を示唆する地形・地質的特徴を有しない。
(4) ダムサイト下流左岸のゆるみゾーンについて
ダムサイト下流左岸の岩盤のゆるみゾーンは、ダム建設に支障となるものではない。
(5) その他の留意点
ダム本体工事においては、斜面監視等により、落石、表層崩壊に配慮する必要がある。

貯水池周辺地すべりについては、湛水後においても監視が必要である。

技術検討委は学識経験者？

検討委員会委員であり、浅川部会の委員でもある松島信幸は、地質の専門委員として、浅川ダム予定地の地質の調査にあたり、技術検討委の意見書の問題点を鋭く指摘した。

技術検討委の「浅川ダム建設予定地には、ダム建設に支障となる第四紀断層は存在しない。」という見解に対して、F―V断層が第四紀断層であることを確認し、ダムサイトの地質の再調査を主張した。浅川部会での論議の末、技術検討委の委員の話を聞くことになった。

二〇〇二年一月二十八日の第六回浅川部会に、技術検討委の川上浩（委員長・信州大学名誉教

授)、赤羽貞幸(信州大学教授)、奥西一夫(京都大学教授)が出席し、部会委員の質問を受けた。

赤羽委員は、ダム建設に支障となる第四紀断層は存在しないという結論に至った理由として、「F―V断層というものはダム建設に支障となる、活断層といわれる活動性の高い断層とは思われないという判断をしたわけです」と答え、調査横坑TR―七で確認されたF―九断層と右岸の山腹凹地との関連について、調査が不十分でなかったか、という問いに対し、川上委員長は、「ダムの場所から一〇〇メートル上の斜面にありまして、そこまで調べなくてもよろしいという意見がありまして、そういう意見を採択したわけです」と答えている。

赤羽委員は講演や論文で、「(長野市の)西部山地は隆起している、東側の盆地の方は沈降している。山の方は二ミリ上がり平場の方は一ミリ下がるので、一〇〇年で三〇センチ違ってくる。西縁盆地というのは活断層によって切り刻まれている」と書いているがという問いには、「川沿いに断層があるかないかということ、大きな断層があるかないかということが非常に重要なことでして、それに対して十分な検討をしたところ、その結果、不整合というような地質的な現象で説明されるということがはっきり分かりましたので、断層がなかったわけです」と答えている。

「以前、赤羽委員に講演をしてもらった時に、浅川ダム予定地は繰り返し地震が起きて地盤が非常に複雑な構造を呈しているので『大きな構造物をつくることは、こういうところには非常に問題がある』といわれたが、いまでも変わりはないか」という問いには、「危険性がより高い所、そういう所にはいろいろな物を造らない方がよいというのは当たり前のことだと思います。いまでも勿論、変わりはありません。ただ、この技術検討委では、委員会の目的がありますので、その計画がどうかという判断をしたわけです。その辺の所を分かっていただきたいのですが。要するにダムを造った方がいいかどうかという議論をしたわけではないんです。その辺をご了解して欲しいのですが」と答えている（第六回浅川部会議事録）。

赤羽委員は、講演や論文でダム予定地の危険性をのべていながら、技術検討委員会の委員としてダム計画にゴーサインを出している。学者の良心はいずこにあるや？

技術検討委の運営について

ただ一人合意をしなかった奥西は、石坂千穂・浅川部会長の質問に次のように答えている。「委員会に提出された長野県の資料はあくまで『ダム建設を前提』とするものであった」、「ダム建設の是非や、治水のあり方を決定するための基礎的知見を提供する技術検討が求められたのではなく、そのような決定を合理化し、その線に沿っての技術検討が求められたように思われる」、「『費用がかかるから』という理由で地震時の斜面安定を検討すべきではないというものであった。ひとつにはダム建設不可という結論になりそうな検討は行なわないという方針にしたがったものと解釈される」、「（地附山地すべりとの関連性についても）本質的な類似性を棚に上げて、細かな相違点を挙げて、スメクタイトを大量に含む風化凝灰岩の地すべり危険度を検討しようとしなかった態度にはただただ呆れる他はなかった」、「調査坑などについては、問題点が出そうなところは掘らないという姿勢が貫かれていたとしか考えられないような節がある。ゆるみゾーンの範囲については、極めて恣意的な限界線が引かれ、その外での調査はあくまで拒否された」、「線状凹地の掘削は極めておざなり」など、委員会運営の退廃ぶりを述べている。

技術検討委の「議事要旨」をみても「多少のリスクを許せば大丈夫であるという判断が重要である」という委員の意見に、委員長も「委員の意見の通りで、この場で学問的な専門分野を議論することは筋違いである」と受けている。委員長はまた、「この委員会の委員は、専門的な立場で忙しい方ばかりであり、必要最低限な時間で委員会を進めなければならないという側面がある」、「安全側にとりすぎるような傾向があるから……過大に安全率を見込まないということの確認だけさせていただければよいと思う」と、人命軽視の無責任な態度に終始している。

委員長が「次回までに私が一つのまとめ案を作って提示させていただき、その取り扱いについては、また事務局と相談する」と発言している時に、県庁職員が委員長の所に走り寄って耳元で何かささやき、それを受けて急に前言を翻して、「委員長一任ということで決着させていただく」として第七回の会議を打ち切り、最終回としたとのことである。

当日、所用のため欠席した小坂共栄信州大学教授は、浅川部会に文書を提出したが、その中で技術検討委について、痛烈な批判をしている。

「当然のことながら、県側はこれまでの調査結果からダム建設に支障となる事柄は何もないとの立場で、その説明のための資料を用意しているわけであり、その資料のみでこのダム建設の技術的問題を判断するだけならさしたる問題など出るはずもない」、「現場を訪れたことのない委員までいたなどは論外であり、この委員会の委員構成がいかにいい加減であったかを如実に示している」、「行政側に都合のよい発言が確実に期待できる人物が圧倒的多数を占める委員会であった」、「およそまともな科学者とは思えない低級で非科学的な発言が堂々と繰り返されるのには驚いたものである。技術検討委がこのようなお手盛りの審議結果しか生み出さなかったのは当然といえば当然であろう」、「『意見書』に述べられている『結論』は、正確な調査データに基づいた真摯な検討がなされたとは見なしがたく、非科学的で恣意的な結論になっている」、「推論の域を出ない主観的な意見の集約された結果が、『ダム建設に影響を及ぼすものではない』との結論になっているこの『意見書』が、いかに非科学的であり恣意的であるかは明らかであろう」、「このダムはダムサイトと付近に限定しただけでも地質学的にまだ多くの未解決な問題を残しており、それから故意に目をそらしたまま強引に着工へと突き進んできたことは明らかである」と記し、「大学に籍を置く者として、科学者の社会的責任とは何かを今更ながら痛切に考えさせられた次第である」と結んでいる。

これに対して、浅川部会のダム推進側の特別委員が、「ダムの安全性につきましては、前にも申し上げましたが、これは技術検討委の結論を尊重して、一日も早いダムの着工をお願いしたい」、「技術検討委の皆さん方を信用するのが道理なんだと、こういう形でダムの建設を願っているのです」という意見を述べている（浅川部会第七回議事録）。

学者、研究者の社会的責任の重さを思わざるを得ない。

答申に記載された「安全を疑問とする意見」

答申には、「安全とする意見」と「安全を疑問とする意見」が記載された。「安全とする意見」は、技術検討委の意見書を是認する立場である。

これに対して、「安全を疑問とする意見」は以下のようである。

① ダム地域の不安定性

ダムは「長野盆地西縁活断層帯」の上盤直上に計画され、「地附山地すべり」の真横である。ダムで水を溜めて急激な重力負荷を加えるのはバランスを崩す恐れがある。

② ダム岩盤の不安定性

技術検討委の調査は不十分でダムサイトの岩石中のスメクタイトについて触れていない。ダム予定地下流の真光寺地区は地すべり防止区域に指定されている。

③ F―九断層と線状凹地

右岸の調査坑にあるF―九断層と、その直上にある線状凹地は森林土壌までを切っている。凹地成因とF―九断層との関連性を調査しなければ斜面の安定性が保障されない。
④ 第四紀断層の調査見直し
調査により、ダム敷中央を横断するF―V断層群（第四紀断層）の実態が再認識された。
⑤ F―V断層群と「長野盆地西縁活断層系」
F―V断層群の下流側には「長野盆地西縁活断層系」がある。
⑥ 広域変動帯への認識不足
部会および検討委員会では安全を疑問とする意見と安全とする意見が対立した。

しかし、個人が六立方メートルの池を造るのさえ許可がいるという地すべり地帯に、一六八万トンの水を溜めるダムを造るというのは非常識としか言えまい。

「ダムを建設する場合にはF―V断層の活動性と下流部への延長を確認し、F―九断層と線状凹地との関連について再調査を必要とする」という条件が付け加えられている。

3　基本高水の選択

基本高水はなぜ過大に設定されているか

基本高水流量は、ダムが計画されているほとんどの河川で、過大に設定されている。

ダムと道路は、公共事業の両雄であり、景気浮揚と雇用創出の効果が喧伝されている。本来、ダムの要らない河川に、ダムを計画するため、基本高水流量を高めに設定し、「ピーク流量をダムでカットすれば洪水が防げる」と説明すれば、一見、もっともらしく聞こえる。基本高水流量が、実際より大きく設定されていることに気がつかなければ、納得せざるを得ない。ダムの要らない河川にまで、必要のないダムを造ることが出来たのは、金余りのバブルのおかげであるが、バブル景気に浮かれて、各地で無駄な公共事業をばらまいていた時代は終わった。

公共事業の見直しにより、これまで八四のダムが中止になっているが、中止をすれば、基本高水流量を、河川の流下能力の範囲内の適正な値に下げざるをえないだろう。

浅川ダムの基本高水については、基本高水の決め方を疑うことから始まった。以下、第三回・第一二回・第一三回の三回の検討委議事録より、大熊委員（基本高水WG座長）の基本高水に対する考え方を探ってみる。

計画規模をどのくらいにするか、計画降雨パターンをどれにするか、どのようなパラメーターを使うかという時に、「判断」が入る。浅川ダムの場合、長野市は人口密度が高いので、計画規模を一／一〇〇（一〇〇年確率）にとった。

水文資料の収集ということで、六カ所の雨量観測所の六五年間の雨量データを集め、このデータから一〇〇年に一度という豪雨を推定する。

図各1-2-1　計画降雨量の決定

・計画降雨量130mm／1日（計画規模1／100）

ダム流域（ワイブル）

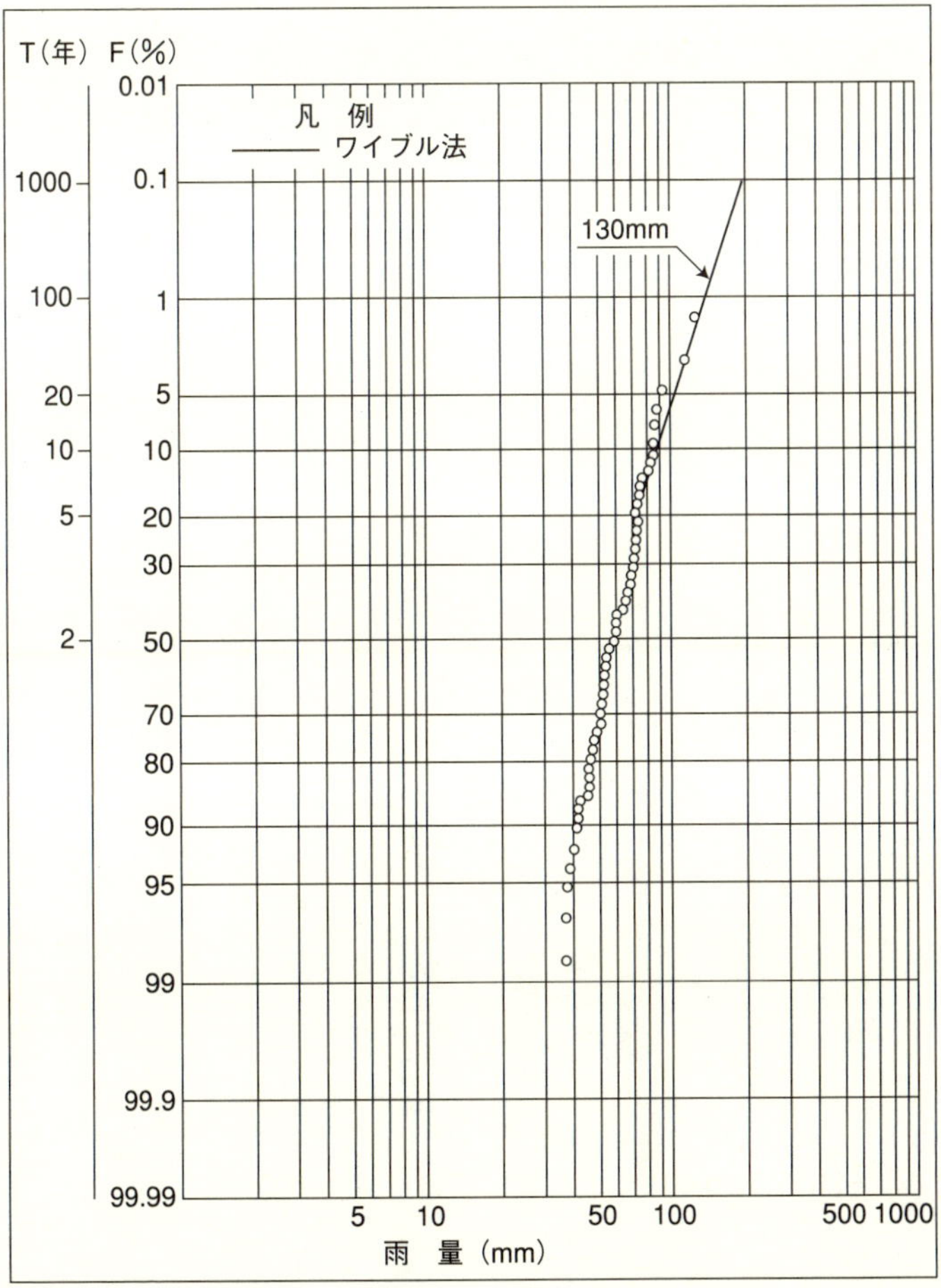

表各1-2-1　計画降雨群

NO	洪水名	日時	実測雨量	計画雨量	引き伸ばし率
			1日雨量（mm）	1日雨量（mm）	
1	S25.8.4	4.9～ 5.9	107.0	130.0	1.21
2	S27.6.30	30.9～ 1.9	66.0	130.0	1.97
3	S34.8.13	13.9～14.9	65.8	130.0	1.98
4	S40.9.17	17.9～18.9	96.0	130.0	1.35
5	S51.9.8	8.9～ 9.9	69.0	130.0	1.88
6	S56.8.22	22.9～23.9	113.0	130.0	1.15
7	S57.9.12	12.9～13.9	72.0	130.0	1.81
8	S58.9.28	28.9～29.9	87.0	130.0	1.49
9	S60.6.24	24.9～25.9	93.0	130.0	1.40
10	S61.9.2	2.9～ 3.9	65.0	130.0	2.00

流域平均雨量を確率紙にプロットして、計画規模一／一〇〇の計画降雨量を一三〇㎜／日としたが、一〇〇年に一度起こる線の引き方に「判断」が入る（図各1―2―1）。

次に、実績降雨群を収集し、これを計画降雨量の一三〇㎜に引き伸ばす。浅川の場合、一三豪雨を選んだが、いずれも一三〇㎜に達していないので、一三〇㎜まで引き伸ばしをするが、引き伸ばし率が二倍以上のものは棄却して、残った一〇豪雨を選定した（表各1―2―1）。

この二倍というのは、河川砂防技術基準（案）（以下『基準』という）で決められているだけで、何ら科学的根拠があるわけではない。二倍くらいを妥当の線とみるだけである。

選定した一〇豪雨から洪水流量を算定することを流出解析という。

浅川ダムでは貯留関数法を使って降雨から流量を求める（表各1―2―2）。

表各1-2-2　浅川ダム洪水計算結果

NO	洪水名	日時	実測雨量		計画雨量		基本高水ピーク流量	
			1日雨量（mm）	最大時間雨量（mm）	1日雨量（mm）	最大時間雨量（mm）	ダム地点（㎥/秒）	千曲川合流点（㎥/秒）
1	S25.8.4	4.9～5.9	107.0	23.0	130.0	27.9	114.35	415.80
2	S27.6.30	30.9～1.9	66.0	10.0	130.0	19.7	68.78	266.54
3	S34.8.13	13.9～14.9	65.8	11.8	130.0	23.3	90.92	326.30
4	S40.9.17	17.9～18.9	96.0	14.0	130.0	19.0	79.93	300.84
5	S51.9.8	8.9～9.9	69.0	13.0	130.0	24.5	102.43	365.06
6	S56.8.22	22.9～23.9	113.0	23.0	130.0	26.5	62.57	226.47
7	S57.9.12	12.9～13.9	72.0	11.0	130.0	19.9	82.18	315.01
8	S58.9.28	28.9～29.9	87.0	12.0	130.0	17.9	64.24	248.67
9	S60.6.24	24.9～25.9	93.0	25.0	130.0	34.9	86.41	309.49
10	S61.9.2	2.9～3.9	65.0	16.0	130.0	32.0	126.96	440.06

昭和六十一年九月二日の実測降雨は一一時間に六五㎜と、一〇豪雨中最も少ないにも拘わらず、これを二倍に引き伸ばして二四時間で計画雨量一三〇㎜降ったとして、基本高水ピーク流量を、ダム地点で一二六・九六㎥／秒、千曲川合流点で四四〇・〇六㎥／秒と決定し、ハイドログラフが作られている（図各1―2―2）。引き伸ばしの問題がここにある。

ここでもう一つ問題となるのがカバー率である。『基準』では、必ずしも一番大きいのをとれとは書かれていない。六〇％から八〇％のものでもいいのではないかという書かれ方がしてある。しかし、いままで、建設省の指導もあって、一番大きい値（一〇〇％）がほとんどの川で採用されてきた。

「浅川ダム洪水計算結果」の表から、千曲川合流点の基本高水ピーク流量を見ると、最大は昭和六十一年の四四〇㎥／秒で、最小は昭和五十六年の二二六㎥／秒で、二倍近い開きがある。浅川の場合は、さらに、最大の四四〇㎥／秒を上回る四五〇㎥／秒を基本高水流量として設定している。いままでは日本の経済は右肩上がりだったので、安全であれば安全なほどいいという感覚で、カバー率も一〇〇％のものをとってきた。この結果、一番大きな値でダムを沢山造るという形になっている（カバー率を適切に考えて基本高水を採用すべきであろう）。

浅川部会特別委員の内山卓郎は、計画規模で計算された基本高水は、実測値で検証し修正すべきこと、また、基準点だけでなくダム地点での基本高水を問題にすべきことを主張している。

計画規模で出された一／一〇〇の計画降雨は、一三〇㎜／日となっているが、平成七年七月十一日十五時から十二日十五時までの二四時間に、ダム上流の飯綱雨量観測所（県）で一五四・五㎜の降雨が実測されている。この時のダム地点での流量は三三・四㎥／秒と推定される。降雨量は一〇〇年確率を上回っているのに、流量は一三〇㎥／秒の四分の一にとどまった。

大熊は基本高水が二倍から三倍の幅があることを問題にしているが、ここでは四倍の開きがある。確率雨量一三〇㎜／日と、基本高水四五〇㎥／秒は全面的に見直すべきである（雨量の一三〇㎜と流量の一三〇㎥／秒は数字が似ていて紛らわしいので要注意）。

基本高水については大きく意見が分かれ、これにより「ダム案」と「ダムなし案」に分かれた。

部会報告は両論併記で、「ダム案」は「現計画の四五〇㎥／秒が妥当」という見解であり、「ダムなし案」は「現計画の基本高水は過大であり、確率雨量を含めて再検討するか、既往最大

図各1-2-2　基本高水流量の決定

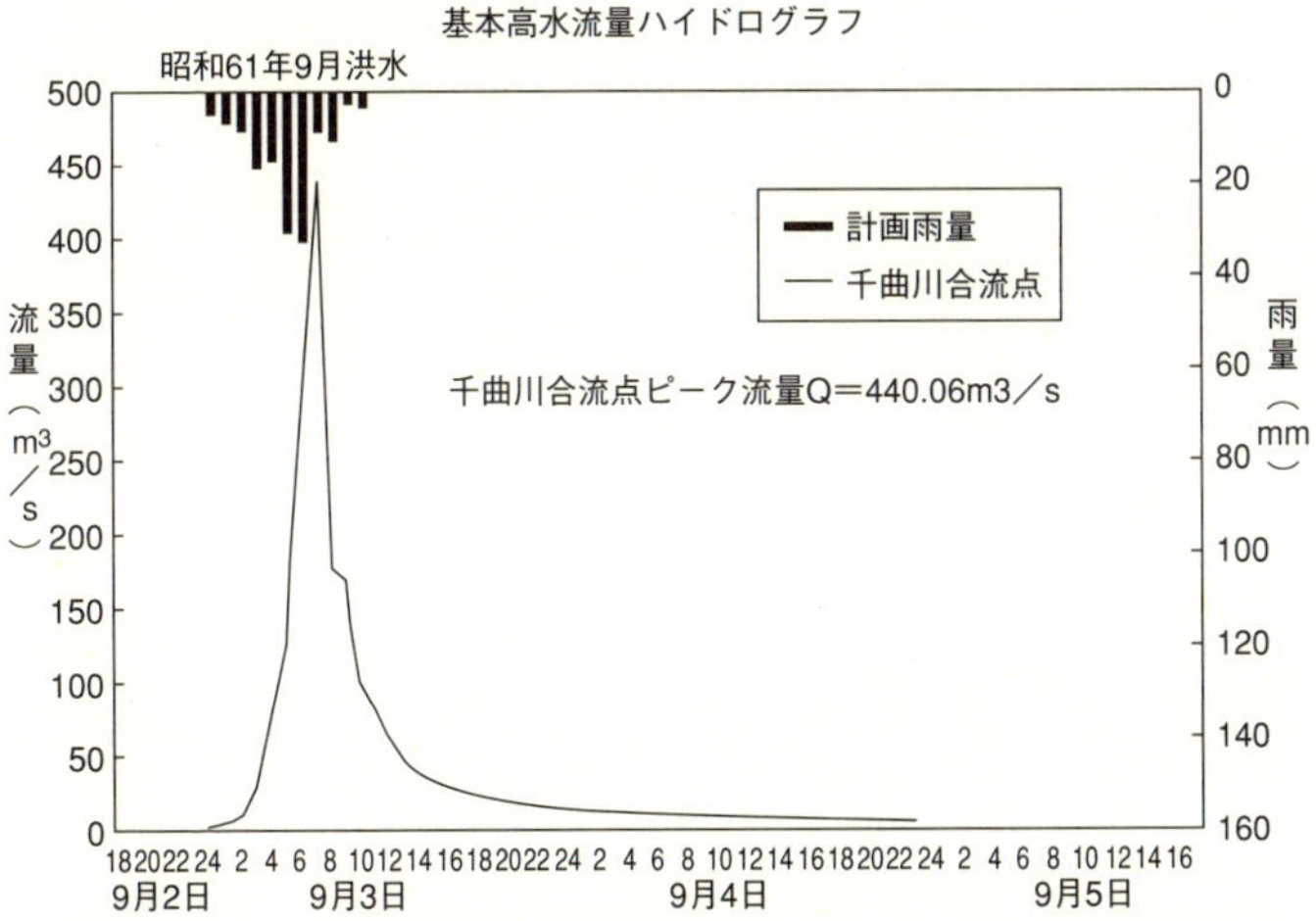

相当の洪水を基準とするなど、納得できる基本高水を算出、選定する」というものである。

浅川の「答申」では、「昭和二十五年降雨による流出を既往最大流量相当ととらえ、それを包含できる昭和三十四年降雨パターンから流出解析によって算出された三三〇㎥／秒を千曲川合流点の基本高水と想定した。これは『基準』に照らせば、上記の算出ハイドログラフ群（四五〇㎥／秒）に対して、カバー率がほぼ七〇％に相当するものである。この三三〇㎥／秒を基本高水流量として、ダムを建設することなく、河川改修で対応する」と記載されている。

ケーススタディ（飽和雨量と有効貯留量）

土壌が飽和に達するまでの雨量を飽和雨量

（Ｒｓａ）という。貯留関数法では、飽和雨量（Ｒｓａ）を設定することにより、流域の保水力を考慮しているといわれている。飽和雨量は、飽和雨量の数字を変化させて得た計算流量波形と、実測流量波形の適合度により設定する。浅川ダムでは、ダム予定地上流の北郷水位観測所地点での実測流量波形と適合する飽和雨量を求めた。

昭和五十四年八月洪水ではＲｓａ＝四〇㎜の計算流量波形が実測流量波形とよく適合した。

昭和五十六年七月洪水ではＲｓａ＝二五㎜の計算流量波形が実測流量波形とよく適合した。

昭和五十六年八月洪水ではＲｓａ＝九〇㎜の計算流量波形が実測流量波形とよく適合した。

昭和六十年七月洪水ではＲｓａ＝六〇㎜の計算流量波形が実測流量波形とよく適合した。

この四パターンの平均Ｒｓａは五三・七五㎜となるので、浅川ダムの基本高水を算定する時の飽和雨量（Ｒｓａ）は、五〇㎜と設定している。二五㎜から九〇㎜まで約四倍の開きがあるのを、平均して五〇㎜というのは少し乱暴な気がする。

森林ＷＧが算定した浅川流域の「有効貯留量」は、九〇㎜から一三〇㎜である。

樹冠遮断量は雨量相当で一一㎜と推定された。土壌中に貯留可能な水分量の最大可能量は、雨量相当で二〇一㎜と推定された。これに、降雨前の水分保留量を考慮（〇・四〜〇・六）すると、浅川流域の降雨の際の有効貯留量は九〇㎜から一三〇㎜と推定される。

《一一㎜＋二〇一㎜×（〇・四〜〇・六）＝九〇㎜〜一三〇㎜》

森林の有効貯留量は約一〇〇㎜あるとすると、貯留関数法で用いる飽和雨量Ｒｓａは過少で

図各1-2-3　北郷観測所地点

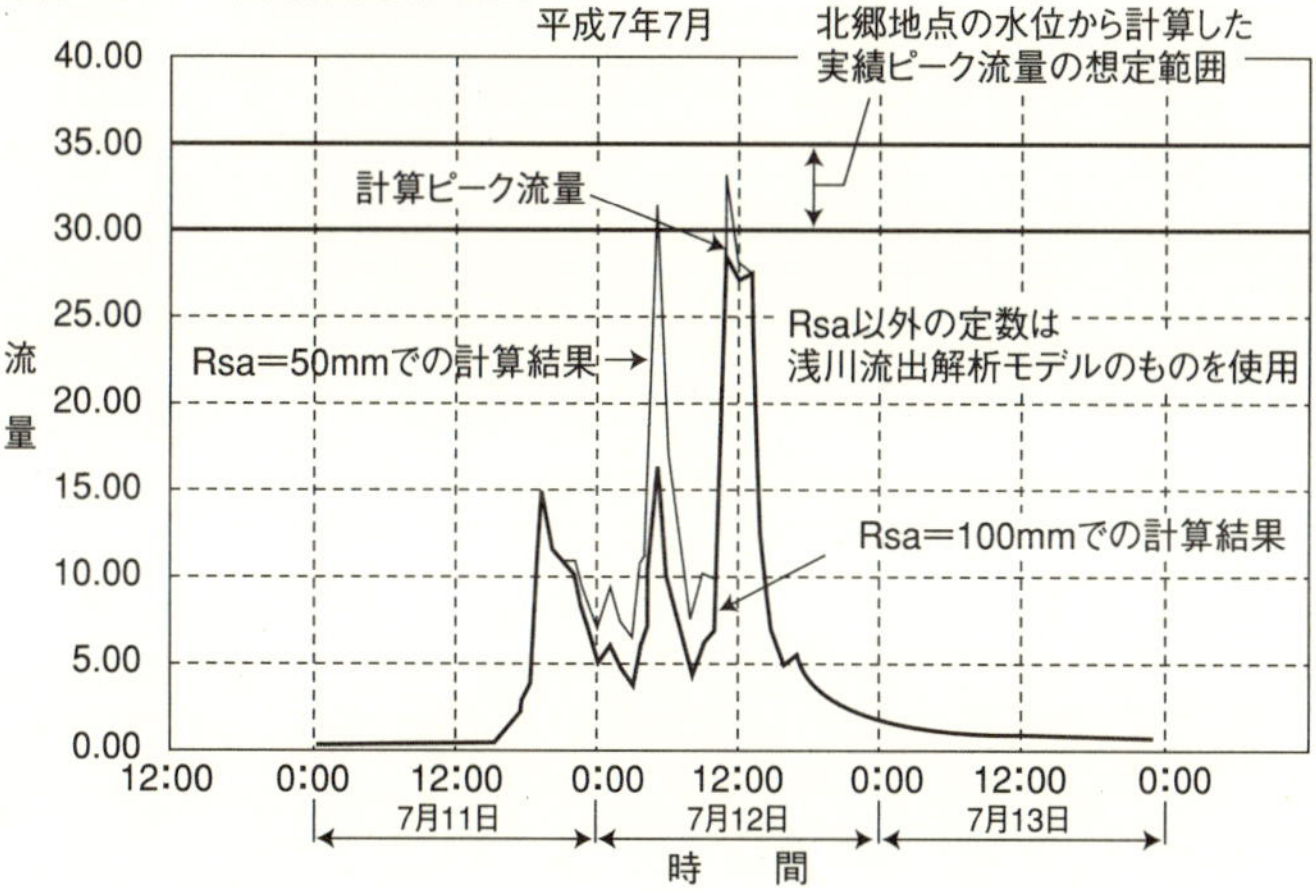

ある。Ｒｓａを一〇〇㎜として計算すれば、ピーク流量は下方修正できる。

参考までに、北郷観測所地点で、Ｒｓａを五〇㎜とした時と一〇〇㎜とした時の計算ピーク流量の差を見てみる（図各1―2―3）。

森林の有効貯留量は、貯留関数法で考えられるよりも大きいことが分かると思う。

有効貯留量を一〇〇㎜とした場合ピーク流量は下方修正される。

浅川ダムのその後

二〇〇二（平成十四）年九月二十五日に、田中康夫知事は、浅川ダムの本体工事を請け負った共同企業体（ＪＶ）の事務所を訪ね、契約解除を通告した。これに対して、ＪＶ側では、「契約上従わざるを得ない立場にあるが、県から損害賠償額を提示してもらい、その上で提示を受けるかどうか、三社（前田建設工業、フジタ、北野建設。以下「前田ＪＶ」という）間で協議を行ない、県と交渉させていただきたいと考える」とのコメントを発表した（信濃毎日新聞・産経新聞）。

長野県は、「一時中止」に伴う損害賠償金として、三月までに約四七〇〇万円を支払っているが、本体工事中のダム事業が事実上中止になるのは全国ではじめてのケースである。

今後の損害賠償請求が、契約解除の先例となるので、どうなるかが注目されている。

県側からの契約解除で、ＪＶ側に損害をおよぼした場合、「その損害を賠償しなければならない」と定めているが、損害には、実損分の他、逸失利益も加えるかどうかの問題もある。ところでここにきて、損害賠償の問題が微妙な段階にきている。

二〇〇三年（平成十五）年一月三十一日に、「浅川ダム入札に係る談合に関する調査報告書」が、長野県公共工事入札等適正化委員会より、田中知事に提出された。報告書の結論は、「当委員会は、浅川入札において、あらかじめ、入札参加者間で談合が行なわれたものと判断する」というものである。同委員会には強制調査権限がないので、状況証拠を積み重ねて結論に達した、とのことである。これを受けて、県は二月五日に、独占禁止法違反として、公正取引委員会に報告した。

浅川ダムについては、二〇〇〇（平成十二）年四月二十七日に、県選定委員会において一般競争入札要件を決定し、六月五日に一般競争入札による公告を行なったが、入札前日の七月二十六日に、読売新聞が、県長野建設事務所に、談合情報を提供している。

七月二十七日に、「談合等の事実が明らかになった場合には、契約を解除されても異議を申し立てない」との誓約書を提出させた上で入札を行なった。入札に参加したのは一〇ＪＶで、前田ＪＶが一二三億円（予定価格一二七億七〇〇〇万円・落札率九六・三％）で落札した。

同委員会で検討した文書に、「山崎文書」というのがある。この文書は入札が行なわれる六年前の一九九六（平成八）年頃作成されたものと思われるが、この文書に、浅川ダムの本命業者として、前田ＪＶの三社が記載されている。六年前には、落札業者が決まっていたということである。

今回明らかになった談合により、契約解除に伴う損害賠償請求がどうなるのだろうか。

二〇〇三（平成十五）年三月十二日、公正取引委員会より、「独占禁止法上の措置はとらない」という電話連絡があった。独禁法に基づく排除勧告などの行政処分は、「談合行為から一年以内」であり、すでに二年半以上が経過しているため、時効で逃げ切られてしまったのは残念である。

ダム中止に伴い、国庫補助金の返還問題も浮上してくる。これまでの国庫補助金は、加算金も含めて最大四二一億円になることが、検討委に報告されている（返還する補助金の計算に、ダム事業のみならず、関連する河川改修事業に関する補助金の返還も加算されている?）。

田中知事は、公共事業評価監視委員会に諮問するなど、再評価制度に沿った対応をするとのことであるが、国交省は、「県の再評価手続きを見た上で判断したい」との姿勢にとどまる（中日新聞)、とのことである。予断は許されない。

大仏ダム(薄川流域)の基本高水の変更について

薄川は、鉢伏山など標高二〇〇〇メートルクラスの山々に源を発し、松本市内を流下した後、同市中条地籍で田川に合流する、流路延長一六・六キロ、流域面積七二・九平方キロの一級河川である。

薄川は古くからたびたび水害を起こしてきたので、対策として「ダム+河川改修」で対応する計画で、治水安全度を一/八〇確率とし、田川合流点における基本高水流量を五八〇㎥/秒、ダム地点での基本高水流量を二九〇㎥/秒とし、ダムにより二三〇㎥/秒の洪水調節を行ない、田川合流点における計画高水を三五〇㎥/秒と設定した。

平成十二年九月、与党三党による抜本的な見直しの対象事業となり、十一月十五日に、知事が記者会見でダム計画の中止を表明し、十一月二十八日に、建設省が大仏ダムの中止を発表した。

検討委では、薄川小グループを設置して、ダムによらない治水計画を策定することになり、基本高水流量の見直しを行なうことになり、再計算の結果、四七四㎥/秒を最大値として河川改修案を作成することになった。再計算の経過を以下に記す。

計画降雨継続時間については、一日雨量（九時〜九時）より、任意の二四時間雨量の方が、一つの降雨をより正確に捉えられるとのことから、二四時間雨量を採用した。

計画降雨量の決定では一六〇㎜／日（トーマス法）から、二〇一㎜／二四時間（ガンベル法）に変更した（降雨時間の変更と確率計算方法の変更により計画降雨量も変わる）。

実績降雨群の抽出では、前計画では、一八降雨を対象降雨群としたが、小グループでは三一降雨群に増やした。引き伸ばしについては、前計画ではI型を使ったが、小グループでは、「I型並びにⅢ型」の二パターンを使用した。

流出解析は貯留関数法を使った。前計画では、昭和三十六年六月二十八日の五七四㎥／秒を算出しているが、小グループでは、I型では、昭和三十四年八月十三日の四九一㎥／秒が、Ⅲ型では、四七四㎥／秒が算出された。以上の計算の結果により、基本高水を、五八〇㎥／秒から四七四㎥／秒に引き下げることになった。

前計画では、「ダム＋河川改修」により、計画高水三五〇㎥／秒に見合う河川改修をすればよかったが、小グループ案では、基本高水四七四㎥／秒を河川改修のみで対応することになるので、新たな「河川改修計画」の策定を行なうことになった。

高校時代を松本市で過ごした田中康夫長野県知事は、知事に就任してすぐの二〇〇〇年十一月に現地を訪れたときのことを以下のように述べている。

当時の土木部長の説明では、「大仏ダムを造らないと松本駅周辺が水浸しになる」というので、

「そんなことは聞いたこともないがいつからこのような計画があるのか」と聞いたところ、「二十七年前からだ」とのことだった。「駅前が水浸しになるというのに、二十七年間何をしてきたのか」と聞いたら、「調査をしてきました」というので、「どのくらいかかったか」と聞いたら「二一億円かかった」とのことだった。ところで、合流点に堆砂があるので、「この堆砂の除去はいつしたのですか」と聞いたら、「記録にありません」とのことだったという。堆砂の除去には一立方メートル一万円程度で済むというのに、氾濫原因となる堆砂は放置したままで、二十七年間の調査で二一億円も使ってしまったというのは、呆れ果てた行政である。そこで、現地で車座集会を開いて「このダムの建設は止めましょう」といったとのことである。

このダムは、与党三党合意で中止が決まっていたダムなので、知事の中止の発言に反対の声は挙がらなかったとのことである。

しかし、基本高水をそのままにして、ダムを中止することは困難であり、ダムを中止すれば、基本高水を変更するか、河川改修計画を変更せざるを得なくなるはずである。

大仏ダムを中止した国交省の理由は、「水需要が減少し、計画の見直しが必要となることから多目的ダムとしての必要性がなくなり、事業を中止する」としているが、治水上の問題をどう考えているのだろうか。

ダムを中止した国交省は、それでも、「現計画の基本高水流量を下げることは、治水安全度を下げることと同義であり、流域住民の生命、財産の安全を確保のためには合理的な理由がない限り許されない」というのであろうか。

国交省の見解を聞きたいものである。

二〇〇三年六月十二日に、「薄川における総合的な治水対策について（答申）」が、検討委員会に出席した田中知事に手渡された。

答申に示された「薄川の治水対策に関する委員会の総合的判断」は以下のとおりである。

「薄川について、最近の雨量資料を加えて洪水流量を再計算したところ、最大となる洪水のピーク流量は、現行の基本高水流量より低い値が算出された。さらに、今回算定された治水安全度八〇分の一確率の洪水ピーク流量に対しては、河床の掘り下げと一部区間の拡幅により通水断面が確保できることが確認された。このため、薄川の治水対策としては、河川改修によることが適当であると判断する。なお、薄川の基本高水流量については、奈良井川水系全体を考慮しながら合理的に決定する必要があると考える」

「基本高水を下方修正する」といわず、「洪水ピーク流量が低い値となった」という表現をしているのが苦しいところである。

第二章

首都圏のダム

第一節　八ツ場ダム

1　計画の概要

八ツ場ダム計画の始まり

一九五二（昭和二十七）年五月十六日、建設省から長野原町に、利根川改定改修計画の一環としてダム建設のための調査に着手する旨の通知があった。八ツ場ダム建設の第一歩である。

「昭和二七年（一九五二）の初夏であった。川原湯村民は、何の話かの説明もなく集会所に集合させられた。町長の先導で話を始めた建設省の役人、坂西徳太郎は村民の頭越しに『ここにダムを造る』と言い放ち、『この村は、ざんぶり水につかりますな』と横柄そうにもそう苦笑してその場を立ち去った。くわしい水没理由の説明などなかった。ただ『ざんぶりですな』というその簡単な申し渡しが、村民が受けたはじめての水没宣言であった」（『八ツ場ダムの闘い』）

翌一九五三（昭和二十八）年二月十五日、「三百余戸の住民を祖先伝来の土地から引きはなし、名勝吾妻渓谷を湖底に沈める、このダム建設計画を阻止しなければならない」（『八ツ場が沈む日』）と、水没地区住民による「八ツ場ダム建設反対住民大会」が開かれて、長野原町、同議会、町民が反対運動に立ち上がった。

しかし、調査の結果、吾妻川の強酸性水がコンクリートや鉄を腐蝕するため、ダム本体の安全性が問題となり、計画は一時中断し、住民の反対運動も一時的に収束した。

あくまでダム建設を強行しようとする建設省は、群馬県の吾妻川総合開発事業計画に吾妻川の水質改善策を盛り込ませ、一九六二（昭和三十七）年には群馬県吾妻川開発事業所が開設された。一九六三（昭和三十八）年に、草津温泉下流の湯川測水所地点に草津中和工場を建設、一九六四（昭和三十九）年に中和工場の本格運転が開始され、一九六五（昭和四十）年には中和生成物を貯留する品木ダムも完成し、石灰質中和剤の連続投入を開始した。これにより河川水はｐＨ二の強酸性水がｐＨ五程度の水質に改善した。この間、地元住民は、中和工場建設がダム建設の布石であるということを知る由もなかった（中和工場は一九六八年に、群馬県より建設省に移管された）。

ダム建設の見通しが立った、と判断した建設省は、一九六五（昭和四十）年に再び、ダム建設計画を発表した。

地元では「八ツ場ダム連合対策委員会」が結成されて、再びダム建設反対運動に立ち上がった。しかし、十三年間の中断の間に、住民の間にいろいろな思惑が出されるようになり、ダムの補償を目当てにした賛成者も現われ、連合対策委員会は、反対、中立、賛成のバラバラな意見が出されて分裂状態になり、ほとんど機能しなくなって、わずか七カ月で解散した。

その後、有志が協議をした結果、反対住民、賛成住民それぞれが、同時刻に、川原湯の別々の旅館に集まることになった。反対派は新たに「八ツ場ダム反対期成同盟」を結成し、賛成派は「八ツ場ダム研究会」をつくった。反対派八割、賛成派・条件付き賛成派は二割の色分けだった。

条件付賛成派の後押しを得た建設省は、反対運動を無視するように着々と計画を押し進めていった。一九六七（昭和四十二）年に八ツ場ダム調査出張所を開設して実施計画調査を再開し、一九七〇（昭和四十五）年には実施計画調査から建設事業へと移行した。一九七三（昭和四十八）年には水源地域対策特別措置法（以下「水特法」という）が制定されたが、これは八ツ場ダム対策であるといわれた。

反対派町長の誕生

一九七四（昭和四十九）年一月に、五選を目指した現職の町長が病気で倒れ、ダム賛成の前議会議長が立候補するとのことで、反対同盟としても手を拱いているわけにいかず、負けるのを覚悟で、ダム建設反対期成同盟の委員長を立てて戦った結果、思いがけず反対派の町長を当選させることが出来て、反対運動も一時的な盛り上がりを見せた（このことが良かったかどうか?）。

翌一九七五（昭和五十）年に建設省は、吾妻渓谷の水没地域を最小にするとしてダムサイトの位置を六〇〇メートル上流に変更した。反対運動の大義名分が環境問題であり、「吾妻渓谷を守れ」ということだったので、ダムサイトの変更で反対の名目が薄れ、反対運動は下火になっていった。このころから、国や県による町政への締め付けが厳しくなり、公共事業費の削減を武器にした建設省や群馬県による切り崩しで、反対運動の足並みも乱れ始めた。

一九七六（昭和五十一）年二月、国は八ツ場ダムを第二次フルプランに組み入れることとし、四月十六日に、「地域住民の納得と地域の長期的発展につとめる」という付記をつけて閣議決定された。

一九八〇（昭和五十五）年には、群馬県は、長野原町および同議会に「生活再建案」「生活再建案の手引き」を提示し、下流の吾妻町および同議会にも「八ツ場ダムに係る振興対策案」を提示した。「生活再建策」は、五年ほど店晒しにされていたが、一九八五（昭和六十）年になって、長野原町は、「生活再建案調査研究結果（回答書）」を群馬県に提出し、長野原町長と群馬県知事が、生活再建案について包括的な合意をみて、覚書を締結した。反対運動が崩れるきっかけである。反対派だった長野原町長の変節が、建設省の思う壺にはまったということか。反対運動は徐々に条件闘争へと変質し、これにより、八ツ場ダム建設に拍車がかかっていった。

一九八六（昭和六十一）年に、八ツ場ダムが水特法に基づく国の指定ダムとして告示され、八ツ場ダム建設に関する基本計画も告示された。翌一九八七（昭和六十二）年には、財団法人利根川・荒川水源地域対策基金（以下「対策基金」という）が、八ツ場ダムを基金対象ダムとして指定した。県の度重なる攻勢に屈して県の生活再建策を受け入れた住民は、十二月十八日には、ついに、「八ツ場ダム建設に係る現地調査に関する協定」に調印した。

一九八八（昭和六十三）年三月、長野原町地内で現地調査が開始され、一九八九（平成元）年、建設省と群馬県は、川原畑、林、横壁、長野原の四地区へ、幹線道路・JR線のルートの変更、代替地計画の骨格を提示した。

反対から賛成へ

一九九〇（平成二）年四月の町長選では推進派の町長が当選し、八月には建設省が「地域居住計画案」を提示し、十二月には、群馬県は、生活再建計画の素案を提示した。

一九九二（平成四）年には、「八ツ場ダム反対期成同盟」は「八ツ場ダム対策期成同盟」と名前を変えて反対の旗を降ろし、「八ツ場ダム建設事業に係る基本協定書」と「用地補償調査に関する協定書」が関係者の間で締結され、建設省は、長野原地内で用地補償調査を開始し、一九九四（平成六）年には代替地造成等の工事に必要な工事用進入路の建設に着手し、一九九五（平成七）年には、水特法に基づく地域整備計画も決定された。

一九九七（平成九）年には横壁、長野原、林の三地区に補償交渉委員会が設置された。一九九八（平成十）年には建設省の「見直し委員会」で八ツ場ダム建設事業について審議した結果、「継続」が決まり、長野原バイパスも開通し、一九九九（平成十一）年、川原湯、川原畑の二地区にも補償交渉委員会が設置され、六月には、八ツ場ダム水没関係五地区連合補償交渉委員会が設置され、補償基準に向けた話し合いが始まった。

二〇〇一（平成十三）年には八ツ場ダム建設に関する基本計画（一部変更）が告示され、昭和四十二年度から昭和七十五年度までの予定の工期が、平成二十二（二〇一〇）年度までに延長された。

八ツ場ダムは二〇〇三年一月現在、付け替え道路等の関連工事の一部は着々と進んでいるが、本体工事はおろか、代替地造成、国道一四五号線・JR吾妻線の付け替え完成の目処も立っていない。これまでは吾妻渓谷沿いの国道は、渓谷が迫っていて車道幅員が狭かったため、大型の観光バスやトラックのすれ違いが出来ず、交通渋滞の難所といわれていた。建設省は、ダムに沈む国道は拡幅できないといい、上流の草津町や嬬恋村の住民に対して、川原湯がダムに反対しているから皆さん方が交通渋滞で苦労するのですよといっていたが、川原湯がダム容認となるや、これまで放置されていた渓谷沿いの国道の拡幅工事に取りかかり、さらに歩道まで新設している。

新たな反対運動

このような状況の中で、一九九九（平成十一）年七月に、八ツ場ダム建設に反対する市民や自然保護グループにより、「八ツ場ダムを考える会」が結成され、外側から、ダム建設に反対する運動が再燃した。ところが、建設省はこれを逆宣伝に使い、「このままでは八ツ場ダムはできなくなる」と煽った。早く妥結しなくてはという思いに駆られた補償交渉委員は、慎重論を唱える人たちを押し切る形で補償交渉を進め、補償基準が妥結された。反対運動が、ダム建設を加速したというのは、何とも皮肉な話しである。

二〇〇一（平成十三）年には、東京、千葉、茨城、埼玉、群馬の各県の地方議員や市民団体、自然保護団体等が結集して、公共事業のあり方について論議が交わされた。この中で、ムダな公共事業の一つとしてダム問題が取り上げられ、「首都圏のダムを考える市民と議員の会」の結

吾妻渓谷（ダム予定地上流）

成が決まり、二〇〇二（平成十四）年三月には設立総会が千葉市で開催され、十二月一日には東京で、「東京脱ダム宣言ＰａｒｔⅠ――八ツ場ダムにストップを！」というシンポジュウムが開催された。

これにより、八ツ場ダムは、首都圏を中心とするダム問題として取り組まれることになる。

二〇〇三（平成十五）年三月四日には、大河原雅子都議が、都議会予算特別委員会で、八ツ場ダムについて質問し、東京の水需給計画の見直しを迫った。三月七日には、千葉県佐倉市議会において、「八ツ場ダム事業の見直しを求める意見書」が賛成多数で可決された。今後も、首都圏下流の自治体で、八ツ場ダムからの撤退を求める要望が重ねられていくであろう。

八ッ場ダム建設事業の概要

八ッ場ダムは、群馬県吾妻郡長野原町を流れる吾妻川の中流、関東耶馬渓といわれる景勝地に建設される予定の重力式コンクリートダムで、洪水被害の軽減と首都圏の都市用水の開発を目的とするものである。

ダムの堤高は一三一メートル、堤頂長三三六メートル、総貯水容量は一億七五〇〇万トンで、利根川上流のダムとしては、矢木沢ダム、下久保ダムに次ぎ三番目に大きいダムである。

流域面積は七〇七・九平方キロで、湛水面積は三・〇四平方キロである。常時満水位はEL（海抜高）五八三メートル、洪水期制限水位はEL五五五・一メートル、最低水位はEL五三六・三メートルで、洪水調節のためには、夏場は水位を三〇メートルも下げることになる。

八ッ場ダムの建設により川原湯地区の一八軒（現在は一三軒）の旅館、約五〇軒の土産物店、小売店、サービス業など含む二〇一世帯全部と川原畑地区七九世帯の全部、横壁、林、長野原地区の一部が水没し、五地区をあわせて三四〇世帯が水没することになる。そのほか付替道路等でダム下流の吾妻町の三地区、土捨場などで二地区の合計一〇地区が影響を受ける。小中学校・公民館などの公共施設、国道一四五号線・JR吾妻線も水没する。

水没対象面積は一一ヘクタールの宅地、四八ヘクタールの農地、一六九ヘクタールの山林等で合計三一六ヘクタールである。

工期は二〇一〇年度までの予定で、事業費は概算で二一一〇億円（昭和六十年度単価）である。

一九九七（平成九）年十二月五日に、内閣総理大臣から「公共事業の再評価システムの導入及び事業採択段階における費用対効果分析の活用」について指示があり、平成十年十一月三十日の関東地方建設局事業評価監視委員会で、八ッ場ダム建設事業について審議した結果、「継続」ということに決まった。審議の対象となったのは、「費用対効果」および「代替案の比較」である。八ッ場ダムの費用対効果は一一・七で効果は大きいとされた。

ダムによる洪水調節の代替案としては、「堤防の引堤」、「堤防の嵩上げ」、「河道の掘削」が提示され、現計画とメリット、デメリットについての比較を行ない、現計画が優位であるとされた。しかしこれは金額を算定しての比較ではなかったので、結果は最初より分かりきっていた。

わずか一日の、それも多くの案件の一つとして審議されたもので、役人がつくった「継続」案にお墨付きを与えるだけの御用委員会による結論である。

品木ダムの概要

八ッ場ダムには関連施設としてもう一つのダムがある。品木ダムである。

八ッ場ダムの建設を予定している吾妻川の上流の湯川・万座川などは、硫黄の山として知られている白根山を源流としているので、昔から強酸性の河川として知られている。自然の酸性河川に加え、昭和初期から硫黄を採掘していた鉱山の排水が流れ込む遅沢川や今井川、万座川なども酸性化したため、吾妻川は「死の川」とも呼ばれ、コンクリートの護岸や橋脚などもたちまち劣化させてしまう（以下『水質改善の概要』品木ダム水質管理所より引用）。

このような吾妻川の下流に、八ツ場ダムを建設するために考えられたのが中和工場の建設で、強酸性の湯川水系三河川に石灰乳液を投入して、強酸性の水質を改善して、中性に近い河川水にしようというものである。

草津温泉下流の湯川に草津中和工場が、白根山を水源とする谷沢川に香草中和工場が建設され、一九六四（昭和三十九）年に草津中和工場が運転を開始して湯川に、一九八五（昭和六十）年には香草中和工場が運転を開始して大沢川と谷沢川に石灰乳液を投入するようになった。

中和に使用される石灰は、群馬県甘楽郡南牧村の石灰工場より、一日平均五〜六台のタンクローリー（一〇トン積み）で搬入される。一日の投入石灰は六〇トンである。

中和工場から排出される白濁した水を貯留させ、大量の中和生成物を沈殿させ、上澄み液を発電に利用するということで、一九六五（昭和四十）年に建設されたのが品木ダムである。堤高四三・五メートル、堤長一〇六メートル、総貯水容量一六六万八〇〇〇立方メートルであるが、建設後二十年を経過した一九八五（昭和六十）年末の測量で、中和生成物の堆積が総貯水量の六三％におよぶ一〇五万五五〇〇立方メートルに達していることが分かった。

これらの沈殿物は数年でダムの機能を停止させる可能性がでてきたため、一九八八（昭和六十三）年から、浚渫船を使って、品木ダムに溜まった沈殿物を浚渫することになった。品木ダムに浮かぶ浚渫船「草津」はヘドロ状の浚渫土をポンプで脱水機場に圧送し、ダンプカーで土捨て場に運びセメント系固化剤と混合して固化処理を行なう。土捨て場は品木ダム上流の沢筋に設けられているが、毎日六〇トンに及ぶ沈殿物が生成されるので、適地がなくなりつつある。この事業は当初、群馬県が、建設省の依頼を受けて取り組んだが、昭和四十三年に国の直轄管理となり、今は国土交通省関東地方整備局品木ダム水質管理所が管理している。

2　推進する理由

八ツ場ダムの治水計画

八ツ場ダムの事業目的の一つが「洪水調節」である（以下『八ツ場ダム建設事業』に基づいて説明する）。

戦後、一都五県に洪水被害をもたらした利根川の氾濫として人的被害が発生したのは、一九四七（昭和二十二）年のカサリン台風、一九四九（昭和二十四）年のキティー台風があげられる。特に利根川のダム問題の時に必ず出てくるのが「カサリン台風」である。

カサリン台風は、埼玉県栗橋付近で利根川の堤防が決壊し、その被害は一都五県におよび、氾濫面積約四四〇平方キロ、浸水域内人口約六〇万人、浸水戸数約三〇万戸、死者一一〇〇人、被害額は一般資産と農作物等をあわせて約七〇億円（昭和二十二年当時）といわれている。

現状においてカサリン台風並みの洪水により利根川が破堤した場合の計算値を八ツ場ダム工事事務所が試算しているが、これによると、氾濫面積約五五〇平方キロ、浸水域内人口約二一〇万人（平成四年・推定）、被害額は約一五兆円（平成四年・推定）に達するとのことである。

利根川の治水計画としては二〇〇年に一度（二〇〇年確率）程度の大きな洪水を安全に流すように計画している。基準地点（八斗島）において、基本高水毎秒二万二〇〇〇立方メートルのうち、上流ダム群により六〇〇〇立方メートルを調節して、下流の洪水被害の軽減を図るとされている。

八ツ場ダムは上流ダム群の一翼を担うダムであり、洪水期（七月一日～十月五日）に六五〇〇〇万立方メートルの調節容量を確保し、ダム下流における計画高水流量毎秒三九〇〇立方メートルのうち二四〇〇立方メートルの流水を調節し、ダム下流への放流量を毎秒一五〇〇立方メートルに低減するという。この洪水調節により、下流の吾妻川沿岸や群馬県内の利根川本川沿岸はもちろん、利根川下流部の茨城県、埼玉県、千葉県、東京都など首都圏の洪水被害が軽減されるとのことである。建設に要する総事業費は一九八五（昭和六十）年単価で二一一〇億円で、そのうち治水部分は五二・五％にあたる一一〇八億円である。

八ツ場ダムの利水計画

八ツ場ダムの事業計画のもう一つの目的が「群馬県及び下流都県の新規水道用水及び工業用水の開発」である（以下『八ツ場ダム建設事業』に基づいて説明する）。

八ツ場ダムによる新規開発水量は、非洪水期九〇〇〇万立方メートル、洪水期二五〇〇万立方メートルの利水容量を使って、通年開発毎秒一四・〇七立方メートル、農業用水の合理化による灌漑期における用水の確保（別途手当）とあわせて毎秒八・〇五三立方メートルの計二二・一二三立方メートルを開発

表各2-1-2　利用者負担区分

総額　2110億円　内訳　治水分　1108億円（52.5％）
　　　　　　　　　　　利水分　1002億円（47.5％）

群馬県（水道）	4.1％	86.5億円
藤岡市（同じ）	0.5	10.5
埼玉県（同じ）	16.8	354.5
東京都（同じ）	15.4	324.9
千葉県（同じ）	3.3	69.6
北千葉（同じ）	1.0	21.1
印広水（同じ）	2.2	46.4
茨城県（同じ）	3.1	65.4
群馬県（工水）	0.4	8.4
千葉県（工水）	0.7	14.7

表各2-1-1　給水団体状況表

	計画配分量	暫定水利権
群馬県：水道用水	3.270m^3/s	0.468m^3/s
工業用水	0.350m^3/s	0.208m^3/s
埼玉県：水道用	8.814m^3/s	6.889m^3/s
東京都：水道用水	5,799m^3/s	0.599m^3/s
千葉県：水道用水	2.590m^3/s	0.677m^3/s
工業用水	0.230m^3/s	0.230m^3/s
茨城県：水道用水	1.090m^3/s	0m^3/s
計	22.123m^3/s	9.031m^3/s

する計画である。これらは群馬県、埼玉県、東京都、千葉県、茨城県の水道用水ならびに工業用水として供給されることになる（表各2―1―1）。すでに群馬県、埼玉県、東京都、千葉県は、暫定水利権として毎秒九・〇三一立方メートルを取水しているが、八ッ場ダムが完成すれば、暫定水利権が解消できて、水利用の安定化が図られる。

総事業費のうちの利水負担分は四七・五％に当たる一〇〇二億円で、各利水者の負担は表各2―1―2の通りである。

中和工場の建設により、「死の川」といわれていた吾妻川が、利用可能になった。農業に対する効果としては、これまで毎年消石灰を購入していても収量は他の地区に較べて半分程度だったものが、中和事業の開始により、消石灰の購入の負担もなくなり、収量も増えてきた。発電については、品木ダムの上澄み水を利用して、湯川発電所で最大八二〇〇ｋＷの発電が可能となった。水生生物や魚の生息が吾妻川の中流付近まで確認されるようになり、河川環境の改善に大きく寄与しているとしている。

八ッ場ダムの費用対効果

八ッ場ダムの費用対効果は一一・七である（以下『八ッ場ダム建設事業』により説明する）。

「事業がもたらす効果を金銭換算した額」を妥当投資額（Ｂ）とし、ダムの建設費を事業費

（C）とし、ダム等河川事業の費用対効果は、事業費（C）に対する妥当投資額（B）の比率で示す。

妥当投資額（治水分）は「洪水調節の効果」と「流水の正常な機能維持の効果」の合計で表わす。

「洪水調節の効果」は、洪水氾濫区域における家屋、公共施設等の想定される被害について、ダムの洪水調節により防止される額（軽減できる額）を算定する。ただし、洪水調節効果には、ライフラインの機能停止による被害、人命損傷等の間接被害は見込まない。

「流水の正常な機能維持の効果」とは、「身替り建設費」をもって妥当投資額とする。

八ツ場ダムの費用対効果は、八ツ場ダムの建設費（C）に対する妥当投資額（B）の比で示す。

八ツ場ダムの妥当投資額は、八ツ場ダムによる被害軽減額を算出し、年経費、資本還元率を考慮して算出する。この計算式は、

（八ツ場ダムの妥当投資額）＝（年平均被害軽減額—年経費）÷（資本還元率）

で算出する。

《ダム事業の効果（治水分）》Bは一兆五〇七四億円（平成九年度価格）であった。

以下に算出根拠を示す。

洪水調節に係る想定年平均被害軽減額は七〇一億一一〇〇万円、施設の想定年維持管理費は

一億六九〇〇万円、資本還元率を〇・〇四六四とすると、ダム事業の効果（治水分）は、（七〇一億一一〇〇万円―一億六九〇〇万円）÷〇・〇四六四＝一兆五〇七四億円になる。

《ダム事業に要する費用（治水分）》Cは一二八七億円である。

以下に算出根拠を示す。

全体事業費（昭和六十年度価格）は二一一〇億円である。洪水調節のアロケ率（アロケーション率のことで費用負担の割り振りのこと）は五二・五％とすると、ダム事業に要する費用（治水分）は、

二一一〇億円×五二・五％＝一一〇八億円

となる。これを平成九年度価格に修正すると一二八七億円と算出される。

この結果、

費用対効果（B÷C）＝一兆五〇七四億円÷一二八七億円＝一一・七

となり、投資額に対して多大な効果をもたらすと説明している。

生活再建対策

生活再建対策としては、一九八六（昭和六十一）年三月十八日に、水源地域対策特別措置法に

基づく国の指定ダムとして告示され、一九八七（昭和六十二）年十月二十日には、財団法人利根川・荒川水源地域対策基金は、八ツ場ダムを基金対象ダムとして指定した。

八ツ場ダム建設に伴う水没者の多くは現地再建方式（ずり上がり方式ともいう）により、山側の、ダム湖周辺に代替地を求めて移転することになる。現地再建が同意の条件でもあった。

一九九五（平成七）年には、八ツ場ダムに係る水源地域および水源地域以外の吾妻町の一部の地域において、生活環境、産業基盤等を計画的に整備するための「八ツ場ダム水源地域整備計画」が閣議決定された。

二〇〇〇（平成十二）年に変更された整備計画によると、経費の概算額は約九九七億円である。

対策基金は水特法を補完するもので、利根川水系及び荒川水系におけるダム等の建設に伴い必要となる水没関係住民の生活再建と、水没関係地域の振興対策に必要な資金の貸付や交付等を行なうもので、当該ダムの建設促進、水没関係地域の発展に資することを目的とし、国と一都五県（茨城、栃木、群馬、埼玉、千葉、東京）を構成員として、一九七六（昭和五十一）年に設立された。

事業概要としては、①代替地などの不動産を取得するために必要な措置に対する援助、②営業を開始する場合に必要な措置に対する援助、③職業転換のために必要な措置に対する援助、④その他の必要な援助等となっている。一九八八（昭和六十三）年度から二〇〇一（平成十三）

年度までの十四年間の事業費の累計は一一億九〇〇〇〇万円である。

3 反対する理由

住民による反対（長野原町報より）

「去る五月一六日建設省より正式に通告のあった八ッ場ダム建設計画の報は、一度町内に伝わるや地元を始め全町民に異常なる反響をよんだが、なかでも関係地元民の驚きは大きく、万一の場合を危惧して連日これが対策協議に腐心し、為に農繁期をも忘れさせる状態であった。

かくして地元民は熟慮の果て、去る二六日、おりから開かれた町議会並びに協議会に対して陳情の運びとなったのである。

会場における地元民の切々肺腑をえぐる血涙の雄たけびは議会並びに当局を了解させ、即日『八ッ場ダム対策特別委員会』の結成と、近日中における建設本省に対する真相究明並びに反対陳情の件は決定をみたのであった。

人間、凡そ死に直面せるより真けんなるはない。と共に希望を失う程又空虚なものはないのである。地元民が農繁期を他所に全く放心状態となっているのもむりからぬ。

今や地元四千の同胞は全く生ける屍となって、空しく官僚独善をかこちつつ徒に戦《おのの》きふるえる許りで施す術は尽きたかにみえたのであった。

ここで吾等は又重大なる反省をしなければならぬ。悪夢に似た戦争も終結を見てより早や七年、如何に国家のためとはいいながら、先頃になって漸く定まった雀の涙程の遺族補償の外、見るべき対策何一つなく、殺され損、焼かれ損で後は一切御破算に願われてしまった今日。何で吾等が自らの身を以て、利根川水系下流同胞の人柱たる決意を持ち合わせようという殆ど絶望に似たあきらめに到達することができ得よう。これこそ吾等が声を大にして反対を叫ぶ所以である。

又吾等が生きる事への執着の余り断固反対することが大罪となるならば、これが為の処刑はむしろ希求して止まない所である。天に声あり『基本的人権の尊重』或いは又考えよう。吾等には基本的人権の尊重を主張する権利がないのであろうか？（これに対して、もし然りと答える者があったとするならば、それは恐らく建設省の役人か？）。

否、吾等は堂々たる日本人である。その安定せる生存権は、憲法で立派に認められている所であって、誰のためにもその自由を左右されるものではない。

吾等は今こそ全町打って一丸となり、このダム建設に反対するものである」（以上、前出『八ツ場が沈む日』竹田博栄より長野原町報を引用・原文のまま）

竹田は反対期成同盟の反対理由として、「一、けわしい地形で犠牲をともなわない再建はできない。二、川原湯温泉が水没する。三、吾妻渓谷や岩脈など名勝が沈んでしまう。四、近くに代替地が見あたらない。五、過疎化で町がすたれる」をあげている。

ダムの安全性について

ダム建設予定地の吾妻渓谷の断崖部は、今から約六〇〇～五〇〇万年前の陸上ないし水中で流れ出た溶岩や火山噴出物から構成され、これらの地層は「八ツ場層」といわれている（地学団体研究会・中村昭八）。この八ツ場層からなる地域は地滑り地形で、ダム予定地も、林地域が地滑り防止指定地域で、中棚地区、上湯原西地区が地滑り危険箇所となっている。

八ツ場ダム建設にあたり、ダム予定地周辺に四〇〇基の防災ダムを造成するという、まさに地滑りの巣に八ツ場ダムは建設される。

ダムによる地滑りや地震の発生が指摘されているが、地滑り地にダムを建設することで地滑りを誘発する恐れがあることは、下久保ダムの例でも明らかである。

下久保ダムは、群馬県鬼石町に、総事業費二〇五億円を投じて昭和四十三年に完成した。平成三年に隣接する譲原地区に地滑りが発生し、いま、三八〇億円の予算で地滑り対策を行なっている。

国土交通省は、ダムと地滑りの関係を否定しているが、万一、地滑りで下久保ダムが破壊すれば、被害は利根川流域全域に及ぶといわれている。

長野原町立第一小学校の移転先も、水没住民がずり上がり方式により移転する代替地も、地滑り防止工事が実施されているが、移転した学童や住民の安全も、ダムの安全も懸念される。最近、火山活動が活発になった浅間山の噴火が起きれば、泥流による被害も想定される。

八ッ場ダムが建設される吾妻川は「死の川」といわれていて、昔から魚も棲まない川であった。鉄やコンクリートも溶かされるので、コンクリートの護岸や橋梁はたちまち劣化した。そのため構造物としては石や木を使用してきた。八ッ場ダムの計画が一時宙に浮いたのも、コンクリートや鉄材が劣化するので、ダムの安全性が懸念されたからである。

その後、草津に中和工場を建設して水質改善の見通しが立ったとしてダム建設計画が再燃したが、依然として問題は残っている。

現在実施されている湯川水系三河川の水質改善は、酸性河川全体の四〇％に過ぎず(『水質改善の概要』より)、上流に硫黄鉱山跡地を抱えている遅沢川、今井川、万座川などでは廃水の処理は行なわれていないので、廃坑から垂れ流される未処理の廃水は、将来にわたってダム本体のコンクリートや鉄材を劣化させ、ダム崩壊の引き金になる懸念がある(図各2―1―1)。

中和工場建設の基本条件は「決して石灰投入を止めてはならない」ということで、予想外の事態に即応できるように機械設備はすべて二〜三系列とし、予備発電設備を備えているというが、毎年一〇億円にもおよぶ運営費を未来永劫続けていくことができるだろうか。

万一これらの条件が困難になったとき、八ッ場ダムは強酸性水による腐蝕で崩壊し、人的、物的な多くの被害をもたらす恐れがある。このような危険なダムは絶対建設させてはならない。

品木ダムの碓砂も問題である。一九八九（平成元）年に造成した土捨て場Aはすでに満杯になり、いまは一九九二（平成四）年に造成した土捨て場Bに埋めているが、これも満杯状態のため、土捨て場Cを計画中とのことであるが、これをいつまで続けていけるか疑問である。また土捨て場の崩壊が引き起こす土石流による生命・財産の危険性もある。

治水について

戦後、一都五県に洪水被害をもたらした利根川の氾濫として人的被害が発生したのは、一九四七（昭和二十二）年のカサリン台風、一九四九（昭和二十四）年のキティー台風があげられる。この二つの台風が多くの人的被害、物的被害を及ぼしたのは、戦時中の過伐・伐採跡地の放置による森林の荒廃と河川改修の遅れ、さらに危機管理体制・情報伝達の不備等によるものである。

「私は当時解体直前の内務省土木部の若手の〈技術屋〉でした。関東地方ではカサリン台風と明治四三年の台風が最悪の被害をもたらしましたが、総雨量は前橋では明治四三年が三三八ミリ、カサリン台風が三九一・九ミリで、カサリン台風が過去最多となったわけです。問題なのは明治四三年は一週間の雨量なのに対して、カサリン台風はわずかに一日半ということです。

図各2-1-1　吾妻川水質特性説明図

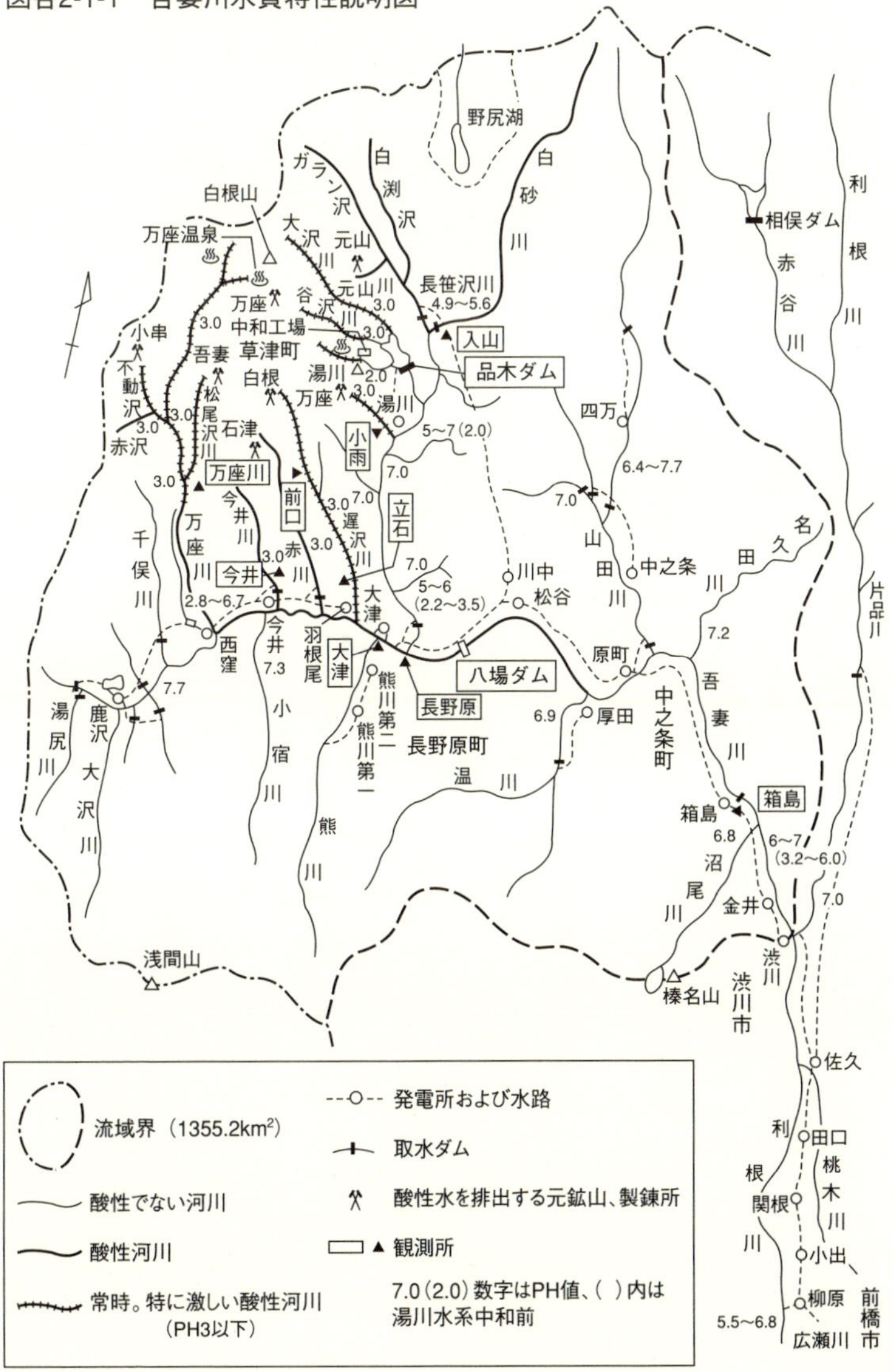

一日半で年間総雨量の四分の一が降ったことになります。まさに集中豪雨であり、想像を絶する雨量です。ただ被害の甚大さを考えると、雨量のせいばかりにはできないのです。やはり戦争の影響を考えなければなりません。山は伐採で荒れ果て、堤防は食糧増産のため芝は引きはがされて畑になっていました。堤防の近くには防空壕が掘られ水害に無防備状態になってしまいました。水防団員は少なく救助体制もできていませんでした（建設省元事務次官・山本三郎氏）」（『洪水、天ニ漫ツ』）。

戦時中は、奥地の森林が乱伐され、その跡地は放置されていたので、各地に裸山ができ、保水力が低下するとともに、山腹崩壊による土砂は川に流れ込んで河床を上昇させ、溢水の引き金となった。河畔林は燃料として伐採され、土手も荒廃し、堤防は洪水に耐えきれなくなっていた。食糧増産のために、赤城山麓などの水源林も開墾されて畑地になるという悪条件も重なった。

戦後五十有余年を経て、造林による森林の整備は進み、堤防の嵩上げ・増強などによる河川改修事業により破堤の危険性もなくなり、加えて利根川上流にすでに六基の大型ダムも建設され、敗戦直後とは事情が大きく変わった。

もはや、二〇〇〇年に一度程度の洪水があっても、これが水害になるとは思われない。現にこの五十年間、出水による大水害は発生していない。近年の危機管理と情報伝達により、水害は床下浸水程度となり、床上浸水の被害も、人命被害もほとんどない。

治水の点では、もはや、八ツ場ダムの必要性はほとんど認められない。

過大な基本高水

ダムを必要とする要因としての「基本高水」の設定方法にも大きな疑問がある。

利根川の治水事業の沿革を見ると、明治二十九年の大水害により、直轄事業として、栗橋上流における計画高水流量を三七五〇立方メートル（毎秒、以下同じ）として河川改修に取りかかったが、明治四十三年の大出水により、八斗島における計画高水流量を五五七〇立方メートルに改定した。

さらに昭和十年と十三年の洪水に鑑み、八斗島から渡良瀬川合流点までの計画高水流量を一万立方メートルとしたが、昭和二十二年のカサリン台風の大水害を受けて計画を再検討し、一九七三（昭和四十八）年、八斗島において基本高水流量を一万七〇〇〇立方メートルとし、このうち上流のダム群により三〇〇〇立方メートルを調節し、河道への配分流量を一万四〇〇〇立方メートルとした。

その後、利根川流域の経済的、社会的発展に鑑み、昭和五十五年に計画を全面的に改定し、基準点八斗島における基本高水のピーク流量を二万二〇〇〇立方メートルとし、上流のダムで六〇〇〇立方メートルを調節し、河道への配分流量を一万六〇〇〇立方メートルとすることになった。

八ッ場ダムでは最大一四九〇立方メートルをカットするため、洪水調節期にあたる夏期には、洪水調節容量として六五〇〇万トン分（満水時の七二%）を空けておくことになる。

八斗島の上流部については、既設六ダムの他に、「八ッ場ダム、戸倉ダム、川古ダム、平川ダム、栗原川ダム等を建設し、下流の洪水調節を図るとともに、各種用水の補給等を行う」とされている（『利根川水系工事実施基本計画』建設省河川局、一九九五年）。

ところが、二〇〇一年から二〇〇二年にかけて、川古ダム、平川ダム、栗原川ダムは相次いで中止された。戸倉ダムも、自然保護上の問題点から建設が危ぶまれているが、これらについては全く中止後の対応は説明されていない（計画段階での、川古ダム、平川ダム、栗原川ダムによる基本高水のカット量の始末はどうなっているのだろうか?）。

河川改修が進み河道の流量配分が大きくなった。しかし昭和五十五年の改定では一万四〇〇〇立方メートルから一万六〇〇〇立方メートルまで流せるようになった。利根川上流のダム群が整備されてカット分が大きくなった。それにも拘わらず、基本高水流量をさらに大きく設定して、まだまだダムが足りないから作るという。

利根川における河道及びダム・遊水池の分担率は河道で七三%、ダム・遊水池で二七%となっている。利根川にはもうこれ以上、ダムを造る必要はない。

戦後五〇年以上におよぶ利根川の河川改修を進めながら、その効果も認めようとしない。まず「ダムありき」の国土交通省の方針は大幅に再検討すべきであろう。

洪水流量の経年変化を見ても、最近は八〇〇〇立方メートル程度にとどまっているが、これは上流の森林の整備によるものであり、二万二〇〇〇立方メートルは全く架空の洪水流量である（嶋津暉之）。既往最大の洪水が発生しても、過去のような大水害になることはない。

利水について

『日本の水資源』（平成十四年版）によれば、平成十一年における水使用量実績は合計で約八七七億立方メートルであり、使用形態別に見れば、都市用水約二九八億立方メートル（内訳は生活用水一六四億立方メートル、工業用水一三五億立方メートル）、農業用水約五七九億立方メートルである。

これからの人口減少と節水思想の向上により生活用水は減少する。工業用水の使用量は横這いだが、経済成長の鈍化に加え、工業用水は一度使用した水を再利用する回収利用が進んでいるので、回収率の上昇により、淡水補給量は減少気味である。将来は都市用水（生活用水＋工業用水）の需要が減少し、水余りとなるのは明らかである。農業用水も減反により下降気味である。

八ツ場ダムの都市用水のアロケーションによれば、東京都は通年開発水量五・二二立方メートル（毎秒、以下同じ）、別途手当〇・五五九立方メートル、合計五・七七九立方メートルを取水することになっている。しかし、東京環境科学研究所の嶋津暉之によれば、「東京都の水需要は横這いで、最近は人口の微増にも拘わらず漸減傾向である。水道の一日最大給水量は年々低下し、二〇〇〇年度には五二〇万立方メートル／日（以下同じ）になった。これに対して、東京都水道局が保有する水源は、多摩地区の地下水四〇万立方メートルも含めると、約七〇〇万立方メートルもあり、約一八〇万立方メートルの余裕がある」とのことで、東京都には利水上の必要はない。

千葉県の年間取水量は六億八一七六万立方メートル、年間給水量は六億五七七三立方メートルでまだ余裕がある。施設能力は二六一万立方メートル／日であるが、実績一日最大給水量は二一一万立方メートルで、稼働率は八一％である。水は余っている。

千葉県には未利用の工業用水もあり、利水上の必要はない。

環境問題について

『八ツ場ダム建設事業』によれば、「建設省所管事業に係わる環境影響評価に関する当面の措置方針について」に基づき一九七九（昭和五十四）年以来現地調査を実施し、一九八五（昭和六十）年、環境アセスメントは完了し、その後も調査を続けているというが、一九九七（平成九）

年には、環境影響評価法が制定されているので、再度、環境影響評価法に基づく手続きで環境アセスメントを実施すべきである。

『八ツ場ダム建設事業』によると、ダム建設予定地には、絶滅危惧種のイヌワシ、クマタカ、危急種オオタカなどの猛禽類の生息が確認されているという。一九八四（昭和五十九）年からイヌワシの観察を続けている中之条高校の山野疆によると、「イヌワシが雛を育てるには豊富な餌動物が生息することと、巣の近くに人が近付かないことが必要で、通常巣から一～一・二キロ以内に人が行くと影響が出るといわれている」とのことである。生態系の頂点に立つというイヌワシ、クマタカ、オオタカなどの猛禽類が生息するというのは、この地域が、豊かな生態系に恵まれていることを物語る。この地域は野生動植物の宝庫である。

当地域に生育する植物のうち、絶滅の危険性があるとされるものは、現地調査で八科一一種、文献調査も含めて二七科五二種あり、重要と思われる植物は現地調査で九科一一種、文献調査も含めて一六科一九種の存在が記載されている。

哺乳類もホンドモモンガ・ヤマネなどの重要な哺乳類七科七種を含め一五科二三種が確認されている。

鳥類も絶滅危惧種二種、危急種三種、希少種六種を含め三七科一四〇種が確認されている。

我が国は一九九二（平成四）年に「絶滅の恐れのある野生動植物の種の保存に関する法律（種の保存法）」を制定し、一九九三年には生物多様性条約を締結、二〇〇二年には「新・生物多様性国家戦略」を策定した。生物多様性保全の問題は吾等の責務といわれている。

ダム工事の関連事業として建設されている砂防ダムの工事により、すでに、ワサビ田の水が涸れ、支流に生息していたイワナやサンショウウオが滅失した。

豊かな自然環境に恵まれている地域を破壊すべきではない。

水没予定地域には、天然記念物「岸脈」もあり、関東耶馬渓といわれる吾妻渓谷もある。

上流の嬬恋村の高原野菜栽培で使用される高濃度の農薬、畜産糞尿などによる水質汚染も懸念される。

生活再建について

二〇〇二（平成十四）年夏、県内最古の木造校舎として知られ、約二七〇〇人の卒業生を送り出した長野原町立第一小学校が、九一年の歴史を閉じた。ダムに沈む地区の住民の「心のふるさと」ともいえる第一小学校の閉校は、ダムに沈む地区の悲劇の象徴でもある。

八ツ場ダム建設により水没する住民に示された生活再建対策は、住民が離散することなく現地で生活が再建できるという現地再建方式（ずり上がり方式）で、山側に代替地を造成して移転することになっていた。しかし、いまもって、代替地の造成はほとんど進んでいない。

代替地の調査も全部済んでいない。代替地の地権者との交渉もほとんどされていないとのこ

閉校となった長野原町立第一小学校

とで、代替地までの取り付け道路の造成もままならないようである。一部で始まった代替地から出る残土は、代替地の造成に使われず、河原に放置されていて、これが河川環境を破壊している。集中豪雨でもあれば土砂が下流に流されるだろう。

補償交渉がまとまれば補償金を受け取ることになるが、建物が残っていると七割しか手に入らず、全額受け取るためには更地にしなくてはならない。更地にすれば住む場所はなくなるが、代替地の手当はまったく出来ていないので、補償金を受け取れば地域を離れざるを得ない。川原湯温泉街は虫食い状態で空き地が目立ち、「休業します」という看板があちこちに見え、過疎化が始まっている。

代替地の造成がまったく進んでいない現

状では、現地再建方式は幻である。国土交通省は、代替地の造成を手抜きすることにより、立ち退く人は地元に残れないようにしている。水没住民の追い出しを図っているとしか思われない。水没住民は旧建設省に騙されたのだ。

補償基準は妥結したが、補償基準委員会が解散したので、妥結した補償基準の有効性について、地元住民は不安を持っている。

用地買収交渉も遅々として進まず、二〇〇三年一月末で、予定面積四三〇ヘクタールの内、契約済みは九八ヘクタール（二三％）に過ぎない。

長野原町の打越地区に造成中の代替地は二〇〇五年末には一部で移転可能とのことだが、それまでに水没住民の多くは追い出されることになる。

補償交渉が進む過程で、税法上の所得控除の問題も浮上してきている。

水没地区の場合、所得控除は一事業について年間五〇〇〇万円の控除があるが、ある水没住民が、宅地、畑、山林など合わせて一億円あるとして、これを一度に契約すると、五〇〇〇万円しか控除してもらえない。あとの五〇〇〇万円に税金がかかるので、資産が大幅に目減りすることになってしまう。これでは生活再建に支障が出る。

水没線より上の代替地の場合の控除は一五〇〇万円である。付け替え道路は使用貸借で無償である。これが代替地の造成が進まない理由でもある。

もっと悲惨なのは、弱い立場におかれた借地人、借家人である。

一部で建物の取り壊しがはじまった川原湯温泉街

この地域は借地・借家の人が多く、七割が借地人である。

川原湯のいまある一三軒の旅館のうち、大きい旅館は五軒で、そのうちの三軒が大地主で、二軒は自分の土地で営業している。残りの八軒は土地を借りて旅館を営業している。

借地人は、地代を払っているにもかかわらず、地権者から「借地権を無償で放棄しろ」と圧力をかけられている。しかし借地権を放棄すれば補償金がもらえなくなるので、生活再建は成り立たなくなる。

工事事務所や町のダム課に相談に行っても、馬耳東風で相談にも乗ってくれない。国土交通省は、地権者とは補償交渉をするが、借地人は相手にしてもらえない。補償交渉を妥結するまでは建設省は低姿勢だったが、妥結すれば立場は逆転する。横柄になった国土交通省職員の態度に、水没住民は不満をいうが、どうにもならない。

ダムは地域住民の心をずたずたに切り裂く。立場の違いで、親子が、兄弟が、憎しみ合う。ダムは自然破壊、環境破壊にとどまらず、地域社会も破壊する。ダムを恨む地元民は多い。

総括

八ツ場ダム建設により、関東耶馬渓といわれた景勝地「吾妻渓谷」の環境は大きく破壊されようとしている。かつて三波石峡《さんばせききょう》といわれた神流川《かんながわ》の景勝地が、下久保ダムの建設により無惨な姿になった鬼石町《おにしまち》の関口茂樹町長も、「ダム建設の多くは、建設の是非をめぐって地元民を長い間苦しめ、挙げ句の果ては移転を余儀なくし、掛け替えのないふるさとをダム湖へ沈めます。ダムによって下流河川は荒廃し、生態系は破壊され、景観は著しく害されます。生活破壊、地域の崩壊、そして取り返しのつかない大規模な自然破壊。下久保ダムの建設が、私たちにこのことを教えています。ダムの果たす役割は大きいが、失うものも計り知れないほど大きいのです。」（上毛新聞）として、八ツ場ダムについて、次のような提言をしている。

「①ダムの本体工事着工は見送る。②付け替え道路など地域振興策は推進する。③水没住民の五〇年間の精神的苦痛に対し、国は補償を考える」。下久保ダムを他山の石とすべきである。

地すべり対策中の代替地（斜面の下）と河原に放置された土砂の山

河川環境の保全のためにも、八ツ場ダムは、本体工事の着工前に中止すべきである。ダムの安全性についても、いくつかの視点から、問題点が指摘されている。

地滑りについては、いま大規模な防止工事が行なわれているが、最大の問題は、強酸性の河川によるコンクリートダムの崩壊である。

上流の中和工場は、酸性河川全体の四割をカバーしているだけで、残りの六割には、依然、廃坑からの未処理の排水が流入している。この強酸性水により、鉄やコンクリートが溶かされ、ダムが崩壊した場合、下流住民の生命・財産に大きな被害を及ぼすことは間違いない。

国土交通省は、基本高水を過大に算定し、仮想の水害を想定し、広大な氾濫区域を設定し、過大な被害額を算出している。この五〇年間、旧建設省はまったく無策だったというのか。

八ッ場ダムの費用対効果は一一・七であるといわれているが、この計算にも疑問がある。利根川が破堤すれば、被害額は一五兆円（平成四年・推定）と試算し、毎年の被害軽減額を七〇〇億円とはじいている。分母を過大に設定しながら、一方で、分子は過小評価をしている。アカウンタビリティというならば、この試算のナマの数値と根拠を明らかにすべきである。

ダム事業費は一八年前の昭和六十年単価で二一一〇億円とされているが、すでに一三〇〇億円は支出済みである。しかし、補償交渉は、面積比で一七％が済んだだけであり、これから、代替地の造成、国道一四五号線・JR吾妻線の付け替えなどの工事が残っているので、将来は、約五〇〇〇億円にはなろうといわれているが、国土交通省は、新たな試算を出そうともしない。

総事業費は二一一〇億円であるが、このうち、東京都の負担は五二二億円で、平成十三年度末までにすでに二八二億円を支出済みである。千葉県の総負担額は受益者団体、関係団体も含めて約五六九億円になる見通しである。総事業費が三倍になれば負担額も三倍になる。

千葉県は、「国の総合経済対策を受けて一九九三年度に増やした公共事業での借金を返すための公債費が一五・七％も増え、二〇〇二年度決算は四六年ぶりの赤字決算となる見通し」（産経新聞）とのことで、地方債残高は二兆一七五六億円（読売新聞）で、全国ワースト八位である。

必要のないダム事業に巨額の県税を投入すべきではない。

（引用文献）

『ムダなダムは要らない』八ツ場ダムを考える会・一九九九年
『八ツ場ダム』国土交通省関東地方整備局・八ツ場ダム工事事務所・二〇〇二年
『八ツ場ダム建設事業』建設省関東地方建設局・八ツ場ダム工事事務所・一九九九年
『水質改善の概要』国土交通省関東地方整備局品木ダム水質管理所・一九九九年
『八ツ場ダムの闘い』萩原好夫（岩波書店）・一九九六年
『八ツ場が沈む日』竹田博栄・（上毛新聞社出版局）・一九九六年
『あなたは八ツ場ダムの水を飲めますか？』久慈力（マルジュ社）・二〇〇一年
『利根川の水利（増補版）』新沢嘉芽統・岡本雅美（岩波書店）・一九八八年
『日本の水資源』平成十四年版・国土交通省
『洪水、天ニ漫ツ』高崎哲郎（講談社）・一九九七年
『群馬評論』群馬評論社（季刊誌）

第二節　東大芦川ダム

1　計画の概要

東大芦川ダムの経緯

東大芦川ダムは三十年前の一九七三（昭和四十八）年に計画されたダムである。

一九七七（昭和五十二）年には、事業説明会が開催されたが、特に反対の声はなかった、といわれている。しかし、反対の声がなかったわけではない。

西大芦漁業協同組合（以下漁協という）の石原政男組合長によれば、「地域住民は大きなショックを受けたが、御上（おかみ）のなす業として、昔気質の住民は、個人的にはダム建設を恨みながらも、反対の気持ちを言い出せないままに多くの人が亡くなっていった」とのことである。

一九八三（昭和五十八）年に実施計画調査に入り、ダムサイトを中心とした地質調査および地質解析が行なわれ、治水・利水計画も策定され、一九八八（昭和六十三）年三月には閣議決定された。

一九九三（平成五）年には、県は鹿沼市と東大芦川建設工事に関する基本協定を締結し、九六（平成八）年に東大芦川ダム建設事務所が開設され、用地調査の同意を得て現地調査に着手した。

建設事業も始まろうかという一九九八（平成十）年、漁協の総代会においてダム問題が議題になり、「東大芦川ダム建設問題についてのアンケート」を実施することを決め、前年度の年券購入者約一二〇〇人から無作為に一二〇人を抽出してアンケートを送ったところ、六一人から回答が寄せられた。六一名の内訳は、ダム建設に賛成一名、反対五七名、分からない三名という結果で、圧倒的に反対の声が多かった。

上沢栄漁協専務理事はいう。「東大芦川ダムに関しても、地元住民として確かにいままでノンビリしすぎたような気がします。ここにきて反対の意思表示をするというのは遅すぎた感もありますが、いままで自分なりに思っていても、なかなか行動に移せなかったという地元のしがらみがあったと思うんです。やはり、この大芦の自然を『いまの状態のまま後世に残してやるのが我々の義務じゃないかな』と思っているわけなんです」。

漁協は一九九九（平成十一）年六月十二日の臨時総代会において、「『東大芦川ダム建設計画白紙撤回』を求めるための今後の運動の進め方について」を決議し、署名活動を展開した。

水没地権者の一人である大貫林治は悩んでいた。大貫は一九九七（平成九）年に、林業経営で内閣総理大臣賞を授与された篤林家であり、林業経営に意欲を持ち続けていたが、立ち退き予定一四名のうち、大貫を残した残りの一三名は立ち退きに同意し、孤立していた。

漁協のダム建設反対運動に力を得た大貫は、二〇〇〇（平成十二）年三月に、「東大芦川ダム建設白紙撤回を求める立木トラストの会」を結成し、隣接する七名の森林所有者にも呼びかけて立木トラスト運動を始めるとともに、立木のオーナーにも、保安林解除に対する異議意見書の提出への協力を呼びかけ、五月には、第一回の「札掛け」を行ない多くの賛同者が集まった。

一方、行政は、一九九八（平成十）年十二月二十五日に第一回栃木県公共事業再評価委員会を開催したが、委員会の結論は「生態系に配慮した計画・設計・工事をすることを条件に東大芦川ダム建設事業の対応方針（案）を承認する」というものであった。

委員会は十時から十二時までの二時間行なわれたが、第一回であったので、土木部長の挨拶の後、委員および執行部の紹介、委員会の概要説明、委員長および委員長代理の選出の後、委員会の運営要領を原案通り決定した。残りの時間で、五ページにわたる「再評価対象のダム事業の概要」の資料説明があった後、「事業採択後五年間を経過して未着工」の東大芦川ダム建設事業について、わずかの時間で審議した結果、県の対応方針（案）を了承した。

六名の委員のうち四名は学識経験者とのことであるが、公開された議事録を見ると、科学的な委員会審議とはほど遠いものである。現地調査もせず、関係住民からの意見も聴取せず、県に都合のいい結論を出す、いってみると、この委員会は、行政の決めた対応方針（案）にお墨付きを与えるだけの、御用学者による御用委員会の役割を果たしただけであり、県民の目を欺くため以外の何ものでもない。

委員長に選出された元宇都宮大学工学部長は、かつて、生まれ故郷の栃木県烏山町を流れる那珂川にダムができるとの噂を聞き、「とんでもないことだ」と思い、当時、栃木県自然保護団体連絡協議会の代表をしていた著者を訪ね、「ダム建設に反対するから応援して欲しい」といってきた。

協議会では、那珂川水系を管轄する水戸の建設事務所に問い合わせて「その件はまだ具体的なことは決まっていません」との回答を得たが、その後、ダム計画はまったく進展していない。自分のふるさとの川の自然は守るけれど、他の川の自然はどうでもいいというのか。一度お聞きしたいものである。

県は、評価委員会の事業継続の答申に基づき、建設を進めることになり、二〇〇〇（平成十二）年二月、県条例による環境影響評価の手続きが開始され、三月には東大芦川ダム地域整備協議会と損失補償基準の調印が行なわれ、用地買収に着手した。

栃木県知事選挙とその後の展開

二〇〇〇年（平成十二）年十一月の栃木県知事選挙で新しい展開があった。

福田昭夫今市市長（当時）は、思川《おもいがわ》開発事業に反対していたために、渡辺文雄栃木県知事（当時）から、公共事業費・補助金等を削減するなどの嫌がらせを受けていた。

思川開発事業というのは、今市市を流れる大谷川から、導水管により二〇キロ離れた鹿沼市・南摩川の南摩ダムまで、毎年六〇〇〇万立方メートル（当初は一億二〇〇〇万立方メートル）の水を送水するという計画で、今市市では、市の水資源が不足する恐れから市長、市議会、市民をあげて取水に絶対反対していたダム事業である（図各2―2―1）。

座して死を待つよりはと背水の陣で現職知事（当時）に戦いを挑んだ福田は、大方の予想を覆して八七五票の僅差で逆転勝利を収めたが、福田の当選に大きく貢献したのが、西大芦漁協を主力とする鹿沼市民、大谷川取水絶対反対の今市市民のダム反対運動である。

圧倒的な強さを誇っていた現職知事に対し、福田が敢然と戦いを挑むということを聞き、西大芦漁協、思川開発事業を考える流域の会（以下流域の会という）、今市の水を考える会、大芦川清流を守る会、南摩ダム絶対反対室瀬地区協議会等々の今市市、鹿沼市、宇都宮市の住民団体は、八月十五日に、福田市長を市役所に訪ね、県の東大芦川ダム事業と国の思川開発事業（南摩ダム事業）の全面的見直しを公約とするという福田の支援を約束した（要望したのはダム事業の白紙撤回であったが、福田はそこまで踏み切れず、住民参加や完全な情報公開を踏まえて、「ダム事業の全面的な見直しをする」ことで合意した）。

福田候補を支援した住民は、県内各所で「県民勝手連」を組織し、チラシ配り、ビラ入れ、街頭デモなどで、「あなたの参加で、変えよう栃木！創ろう栃木！」と訴え続けた。

知名度も少ない福田が、今市市で約二万票差、鹿沼市で約五〇〇〇票差と渡辺をリードし、

図各2-2-1　南摩ダム・東大芦川ダム

出所）思川開発事業を考える流域の会

県都宇都宮市でも、現職知事を上回る得票を重ね、わずか八七五票で逃げ切ったのは、ダムに反対する栃木県民の意思表示でもある。

知事選から一週間後の十一月二十六日、鹿沼市で開かれた「ダムは必要か!市民集会」(「思川開発事業を考える流域の会」発足三周年記念事業)に、就任前の福田新知事が出席し、「事業についての資料が真実かどうか、そして県民のためになるかどうかを追求していく中で、全面的な見直しを行なう」と発言し、公約を果たすことを約束した。

知事選後、初の十二月定例県議会において、福田知事は、ダム事業見直しのための検討会の設置の意向を明らかにした。

これを受けて、二〇〇一(平成十三)年一月九日、県は、外部有識者による「東大芦川ダム建設事業検討会」(以下事業検討会という)と、庁内関係部課長らで組織する「思川開発事業等検討委員会」(以下検討委員会という)を設置した。

事業検討会は外部有識者五名、地元関係者四名(うち二名は反対住民)、行政関係者二名(県と鹿沼市)の計一一名で組織され、一月下旬と二月中旬の二回、会合を開き、治水、利水、環境等の面から検討を行ない、検討結果は、検討委員会に報告した。検討委員会は副知事を委員長とし、企画、土木などの関係部課長二六名で構成され、思川開発事業と東大芦川ダム事業の両事業を検討対象とし、三月中には、両事業に対する県の見直し方針をまとめることになった。

一月二十六日には、東大芦川ダムの見直しに向けて県がまとめた見直し案が明らかにされた。

県がまとめた見直し案は、ダムの機能を「治水」と「利水」の用途別に分けて考え、治水案として五案、利水案として一〇案、計一五案が示されている。

治水(環境含む)については、一案「現在の計画(ダムあり)」、二案「河川改修計画(ダムなし)」、三案「遊水池群」、四案「緑のダム」、五案「氾濫許容」の五つの案である。

利水(環境含む)については、一案「現在の計画」、二案「上水専用ダム」、三案「南摩ダムからの補給」、四案「地下水開発」、五案「鬼怒工水の上水転換」、六案「上水専用遊水池」、七案「河川内床固め工群」、八案「緑のダム」、九案「地下ダム」、一〇案「水備蓄タンク」の一〇の案である。以上一五の素案を、一月下旬から始まる事業検討会に提示し、年度内に最適案を絞る込むことになった。

東大芦川ダム建設事業検討会の審議について

二〇〇一(平成十三)年一月二十七日に、第一回「東大芦川ダム建設事業検討会」が開催され、事業計画のあらましとこれまでの経過が報告され、審議を行なった。審議では東大芦川ダム建設事業の現状について説明があった後、用途別見直し(案)について検討した。

事業検討会では、賛成、反対の立場から意見が出され、次回に、実現性等の観点から取捨選択した代替案が資料として、事務局より提出されることになった。

二月十八日の第二回事業検討会では、代替案の検討が行なわれ、総合的な検討を経て、委員長報告がまとめられた。

代替案の検討では、治水一案、二案、三案と利水一案、二案、三案、六案に絞られたが、「緑のダム」については「森林水文学の専門家では、その効果を余り大きくは評価していない。ダムにより確保される貯水量の相当雨量に比べて、補完的なものにはなるが代替にはならない」として退けられた。

総合的な検討を行なうために、県河川課は、「事業のあり方の総合検討」という資料を提出しているが、これには、①中止（案）、②凍結（案）、③代替（案）、④規模縮小（案）、⑤継続（案）⑥継続修正見直し（案）の六つの案が提示されている。

ここでは①の「東大芦川ダム建設事業を中止した場合の課題と対応策について」により、問題点を見る。

「治水対策」では、大芦川が洪水で氾濫し、流域で水害が発生するので、ハザードマップによる洪水氾濫区域の周知徹底と適切な水防対策等の対応が必要とされ、備考として、河川の維持管理が困難となることと、河川管理者の責任が問われることが記されている。

「利水対策」では、鹿沼市の上水道の安定的な確保が困難になり、市民生活や産業活動に影響がでることが指摘され、その対応として、節水、水利用の合理化の徹底と漏水防止等の対策を講じることがあげられ、備考では、新たな水源確保の必要が述べられている。

「財政対策」としては、既に投資された事業費の補助金の返還と、鹿沼市が支払った利水者負担金の返還が課題とされ、県の財政負担額が増えるとされている。

「まとめ」として、環境面は当面現状が維持されるが、治水・利水等に大きな問題が発生するとし、県の財政負担額の増加の問題、鹿沼市の水需給計画の変更の必要性、その他多くの課題と問題点が述べられている。

審議の過程で賛成、反対の意見が出され、全員一致の意見集約は困難であるとのことから、最後に、委員長が事業検討会報告（案）を提示し、全員一致で了承された。

「東大芦川ダム建設事業検討会について（報告）」は以下の通りである。

東大芦川ダム建設事業の今後のあり方について、これまでの経緯や大芦川の流域特性等を十分に考慮し、実際的かつ科学的立場に立って総合的に検討するため、一二回の会議を開催したが、現段階における検討会としての意見をとりまとめると、以下のとおりである。

・中止（案）、凍結（案）、代替（案）、規模縮小（案）、継続（案）の何れについても各委員から賛否両論の意見があり、その集約までには至らなかった。

・なお生活再建等については、これまでの地元との交渉経過を十分踏まえ、人道的立場から、引き続き誠心誠意進める必要がある。

・また、各種検討に必要となる環境影響調査等最小限必要な継続的な調査は進める必要がある。

・主な意見については、別途作成する議事録要旨のとおりである。

事業検討会では、事業実施が前提とされ、一五の素案を検討しただけで、根元的な問題、すなわち、大芦川での流況が災害発生につながるのか（治水上の必要性）ということと、鹿沼市の飲み水が不足しているのか（利水上の必要性）、ということがまったく検討されていない。

事業検討会の結論は検討委員会に報告され、知事に答申された。

大芦川流域住民協議会の発足と経過

二〇〇一（平成十三）年三月の県議会において、共産党を除く四会派が、県内の二つのダム（思川開発事業と東大芦川ダム）の推進を求める決議を行なった。

五月八日、福田知事は、記者会見の席上、思川開発事業は参画、東大芦川ダムは結論を二年程度先送りする、ことを正式に表明した。思川開発事業については、情報公開・住民参加による十分な見直しも行なわずに参画を決めたが、これは知事の公約を反古にするものである。

県幹部で構成されている検討委員会は、両ダム案についての検討を行ない、四月中旬には、思川開発事業の推進と東大芦川ダムの見直しについて進言を行ない、知事は県幹部からの説明に同意したといわれている。

しかし、密室で行なわれた検討委員会に対する不信と、知事の公約違反に対して、県民から批判の声が挙がり、福田知事に対する「イエローカード」が出されるという結果になった。

二〇〇二（平成十四）年になって、県は、検討委員会の東大芦川ダムの見直しの結論を受けて、新たに「大芦川流域検討協議会」を設置し、東大芦川ダムについての検討を行なうことになった。

「大芦川流域検討協議会設置要項」の第二条（目的）には、「協議会は、大芦川流域全体について水需給、治水、環境、地域振興等を総合的に見直し、検討を行ない意見の集約を図る」とされている。

この協議会の委員の構成は、ダム反対住民から著者など学識経験者三名を含む七名、ダム推進の側からも同様に学識経験者三名を含む七名を選出し、会長は中立的な人物を知事が任命する、というものである。

二〇〇一（平成十三）年十二月二十一日、県知事名で、委員就任についての依頼があり、翌一月十八日に委員の委嘱が行なわれた。

第一回協議会は二月十七日に行なわれた。栃木県知事の挨拶、委員の自己紹介に続き、設置要項の審議、運営についての協議のあと、大芦川流域全体の概要の説明があり、現地調査を行なうことになった。

福田知事は、大芦川流域全体としてのあり方について、幅広く議論して欲しいと要望した。

三月十七日の現地調査のあと、六月十六日に第二回協議会が開催された。

事務局で作成した「過去の災害状況」について、自然災害というより人災であるという指摘があり、鹿沼市の人口の趨勢についても疑念が出された。

第三回協議会は八月二十五日に行なわれた。事務局で設定した洪水防御計画規模が問題とされ、治水安全度の再検討が提案され、さらに、鹿沼市での地下水源の状況について論議があり、次回に、調査会社の報告を聞くことになった。

第四回協議会は十月二十日に開催された。事務局および関係者から地下水源の説明を受け、地下水源開発の可能性について論議があった。次いで、著者が、鹿沼市の将来人口の減少と水道事業について説明し、利水の問題では現状で対応可能という主張をした。

次回より、十二月、一月、三月の三回の協議会で答申をまとめる方向が出されていたが、十一月二十六日までに、ダム推進派の委員三名（鹿沼商工会議所会頭・上都賀農業協同組合専務理事・鹿沼市森林組合長）が突如辞表を提出し、十二月三日に委員の委嘱が解かれた。

これにより協議会は空転し、事態打開のために、会長名で、残りの委員に対して、「大芦川のあり方」についての意見書を提出するよう要請があった。

推進派委員の辞表提出は、ダム推進の正当性のなさに自ら気付いたものであろうか。残った推進派委員の中にも、協議会の席上で、「最近、県に踊らされているような気がしてしょうがない」、「この資料は、ダムありきの資料ですから」という発言も出てきていた。

五カ月の空白の後、二〇〇三（平成十五）年三月三十日に、第五回の協議会が開催された。

当日は特別に、福田知事も出席し、各委員の意見表明に耳を傾けていた。

知事は、「今日は皆さん方の意見を聞かせていただいて、皆さん方の考え方をよく理解することが出来ました。皆さん方の意見を参考に判断していきたい。皆さんの答申を参考にして、県としての対応・方策をまとめて、公共事業再評価委員会に提出をして審議をしていただき、秋までには結論を出したいと思っています」という意見を表明した。

協議会の席上、地権者の一人である大貫孝太郎委員は、「今日は、昨年亡くなったお袋の一周忌です。ダムで頭がいっぱいで死んでいきました。その時に、孝太郎、絶対に、うちの墓だけは湖底に沈めるなよ、といっていきました。結果も聞けずになくなりました。お袋も、天国で、孝太郎頑張って行って来いよ、とそばで言っているような気がします」という発言をした。大貫の墓は、もしダムが出来ることになれば、ダム湖の湖底に沈むことになる。先祖代々の墓はあくまで守り抜くというのが大貫の固い決心である。知事は大貫の言葉をどのように聞いたであろうか。

第六回協議会は四月二十九日に開催された。

最初に、栃木県自然保護団体連絡協議会代表・日本野鳥の会栃木県支部長の高松健比古から、大芦川流域の環境についての意見を聞いた。高松は、大芦川は栃木県内でもトップクラスの清流であり、自然環境と生態系を破壊するダム事業は断じて許されない、と述べた。

費用対効果について、河川課は、治水経済調査マニュアル（案）による試算を示し、これについて議論が行なわれ、ダム反対住民から学識経験者として推薦された水谷委員（宇都宮大学教授）が、次回までに、詳細に検討することになった。

次回（第七回）は知事に答申を提出することになり、答申（原案）が会長より示され、各委員が意見を述べた。それらを踏まえて起草委員により、答申（案）を作成し、次回の協議会で論点を整理して「答申」を承認し、当日、知事の出席を求めて、直接手渡すことになった。

第七回協議会は五月二十五日に開催された。

答申（案）の検討に入る前に、水谷委員が、費用対効果の検討結果を報告しようとしたが、事前に事務局に渡してあった資料（後述）を、（故意にか？）事務局（河川課）で用意してなかったので後回しとなり、答申（案）を事項別に検討することを先行させた。

治水計画については、治水安全度を八〇分の一としての「ダム案」と、五〇分の一とする「ダムなし案」の両論併記となったが、「五〇分の一のダムなし案」を選択した委員が多かった。

利水計画については、水需要を主張していた鹿沼市の人口予測が過大であり、地下水その他で対応できるという意見が大勢を占め、利水上はダムは必要ないという意見に反論できず、参考人として五回まで出席していた鹿沼市の助役は、第六回、第七回の協議会をボイコットした。

費用対効果については、後述するように、県の試算はまったく意味がないとされた。

利水、環境、地域振興についてはおおむね意見の一致が見られたが、治水については、ダム案を支持する少数意見があってまとまらず、論点整理をしただけで、「両論併記」となったのは残念である。

総合判断として、会長を除く一一名の委員の内七名が、「東大芦川ダム建設は中止とするのが望ましい」としたことは、両論併記とはいっても、重みのある「答申」である。

「大芦川流域のあり方について（答申）」は、午後二時に福田知事が出席して、鈴木会長より手渡された。

答申を受けて、福田知事は、六月四日、県庁内に設けられた「東大芦川ダム建設事業検討委員会に、「ダム建設を中止する場合の代替案」を検討するよう指示した。この代替案は、この夏予定されている公共事業再評価委員会で審議されることになるが、説明責任、情報公開を確立して、納得のいく合意形成を期待したい。六月五日の下野新聞の一面には、「東大芦川ダム中止の方向」と報じられている。

六月十二日の下野新聞は、「東大芦川ダム必要ない」との見出しで、福田知事が、六月一日に、鹿沼市長と、鹿沼市内で約三時間、非公式に会談し、「①ダムを建設するには県財政が厳しい、②鹿沼市の水は十分確保できる、などの県側の見解を示した上で、東大芦川ダムは必要ないとの判断だ」と事実上、建設中止の方針を伝えていた、と報じた。

しかし、十四日の下野新聞によると、建設を求める大芦川取水対策協議会は、十三日に緊急役員会を開き、十八日の県議会の一般質問に向けて、推進運動を強化することを決めたという。

中止か建設かについては秋の再評価委員会の結論が出るまで、予断を許さない。

七回の協議会の審議を経て、このダムが必要ないダムであることが明らかになった。公共事業再評価委員会での真摯な協議を心より期待するものである。

東大芦川ダム建設事業の概要

東大芦川ダムは、栃木県鹿沼市草久字川中島に建設が予定されているダムで、堤高八二メートル、堤長二二三メートル、堤体積二九万五〇〇〇立方メートル、集水面積は二三・四平方キロ、湛水面積は〇・四二平方キロ、総貯水量九八三万立方メートル（東京ドームの九倍）、有効貯水量九〇一万立方メートルの重力式コンクリートダムである。

ダム建設費は約三二〇億円とされ、事業負担は、公共事業費が二九四億一九〇〇万円（九四・九％）、上水道用水一五億八一〇〇万円（五・一％）である。

事業の目的は「洪水調節」、「既得取水の安定化、河川環境の保全等」、「水道用水」である。

洪水調節としては、東大芦川のダム地点で計画高水流量四六〇m³／秒のうち二八〇m³／秒の洪水調節を行ない、基準点で基本高水流量一五〇〇m³／秒を一二〇〇m³／秒へ低減し、大芦川沿川地域の水害を防除する。

既得取水の安定化、河川環境の保全等としては、大芦川沿川の既得用水の補給を行なうとともに、魚の保護や動植物の生育および景観等の河川環境を護るために、渇水時に維持すべき流量を確保する等、既得取水の安定化と河川環境の保全等を図る。

水道用水としては、鹿沼市の水道用水として新たに一万七二八〇㎥／日（〇・二㎥／秒）の取水を可能にする（東大芦川ダム建設事務所発行のパンフレットより）。

大芦川流域の概況

大芦川流域は、栃木県西部の足尾山地から東南方向に位置し、流域面積は一五六・九平方キロ、流路延長二九・四キロである。大芦川流域の八一・三％は森林で、水田・畑地が一一・二％で、自然環境に恵まれた農村地帯である。

大芦川流域では明治の中期、足尾銅山のための木炭、栗材などの坑木、枕木等を供給するために無謀な乱伐が行なわれ、一五〇〇町歩がハゲ山となり、このために明治三十五年には歴史的水害ともいえる足尾水害を経験している。栃木県は一九〇九（明治四十二）年に、大芦川東沢上流の荒廃地、約一〇〇〇町歩の公有林に、県行造林による水源林の造林に着手し、明治四十四年から大正十一年までの一二年間で、約四〇〇万本のスギ・ヒノキの造林を完了した。一九六二（昭和三十七）年に、五〇年伐期で伐採され、いまは再造林された森林が「緑のダム」として水源涵養機能を果たしている。

大芦川は、いまは大きな洪水被害もなく、雨が降っても川が濁ることもなく、北関東随一の清流として、多くの釣り人たち親しまれている。

2 推進する理由

洪水と災害――基本高水

戦前の災害としては、明治三十五年の足尾台風、大正八年の台風による被害の記録がある。この原因は足尾銅山の資材調達のために、山が丸裸にされたからである。

戦後の災害としては、カサリン台風、アイオン台風、キティー台風があるが、これは、戦時中の乱伐により山が荒れていたために発生した被害である。最近は人命にかかわるような大きな災害は起きていない。近年発生している水害はむしろ「人災」といわれている。

基本高水を決定するにあたり、大芦川は、県内他河川とのバランス等を考慮して、計画規模を八〇分の一とした。

次いで収集した雨量データをもとにティーセン法により、平均二四時間雨量を求め、複数の統計処理法（ハーゼン、ワイブル、グンベル、岩井法）で確率雨量を算定し、過去の実績降雨との適合性を考慮して、計画降雨量を三一四・一ミリと決めた。

計画対象洪水群一五を抽出し、I型引き伸ばしを採用して、実績降雨パターンを計画降雨量

表各2-3-1　大芦川流出解析結果

NO	洪水名	実測雨量		計画雨量		基本高水ピーク流量	
		24hr雨量（mm）	最大時間雨量（mm）	24hr雨量（mm）	最大時間雨量（mm）	ダム地点（m^3/秒）	北半田地点（m^3/秒）
1	S.13.08.31	258.2	36.3	314.1	44.2	259	1,307
2	S.16.07.21	281.0	26.1	314.1	29.2	148	825
3	S.18.10.02	202.5	24.3	314.1	37.2	194	950
4	S.22.09.14	248.3	25.4	314.1	32.1	154	801
5	S.23.09.15	227.4	27.0	314.1	37.3	232	948
6	S.24.08.30	301.2	31.9	314.1	33.3	281	1,120
7	S.25.08.03	181.4	21.3	314.1	36.9	266	1,116
8	S.33.09.25	195.8	25.0	314.1	40.1	196	963
9	S.41.06.27	181.8	22.9	314.1	39.6	203	1,159
10	S.41.09.23	200.3	39.1	314.1	61.3	480	1,412
11	S.46.08.30	272.6	31.2	314.1	35.9	152	780
12	S.47.09.15	180.3	28.3	314.1	49.3	253	792
13	S.57.09.11	194.2	36.5	314.1	59.0	301	1,293
14	H.03.08.19	281.5	30.0	314.1	33.5	224	1,065
15	H.06.05.26	183.2	31.3	314.1	53.7	162	826

第三回大芦川流域検討協議会資料

まで引き伸ばした（雨量を嵩上げすること。表各2―3―1）。

流出解析モデルとして「貯留関数法」を採用し、大芦川の流出解析を行ない、ピーク流量が最大となる昭和四十一年九月二十三日型洪水を基本高水に決定した（表各2―3―2）。

昭和四十一年九月二十三日型洪水のピーク流量は、ダム地点で四八〇m^3／秒、基準点の北半田橋で一四一二m^3／秒であるので、基準点での基本高水を一五〇〇m^3／秒に決定した。基準点のピーク流量の最大が一四一二m^3／秒であるので、これを一五〇〇m^3／秒とすると、カバー率は一〇〇%を超えて決定したことになる（表各2―2―2）。

ダムにより三〇〇m^3／秒をカットすることにより、基準点の基本高水を一五〇〇

m³／秒から一二〇〇m³／秒に低減することが出来る。

これが東大芦川ダムによる洪水調節効果である。

鹿沼市の水道用水について

鹿沼市は、人口推計として、過去一〇年間の人口推移と増加率に、特定の開発による人口増加等を想定して、将来目標人口として、二〇一〇年に一一万人と設定した。

人口増に基づいて、上水道の第五次拡張計画を策定した。

これによると、二〇一〇年の行政区域内人口一一万人、計画給水人口九万人、一人一日平均給水量を四一五リットル／人・日として、一日平均給水量は三万七三三〇m³／日となる。いまの供給能力は三万八一〇〇m³／日なので、これで充足できるが、第五次拡張計画では、一人一日最大給水量を五六一リットルに設定しているので、一日最大給水量は五万五〇〇m³／日（負荷率七五％）に達し、水不足となる。この不足分を東大芦川ダムより、日量一万六〇〇〇トン補給する。

地下水は汚染と枯渇の不安があるので、将来、地下水源を表流水に切り替えていく。

鹿沼市が、東大芦川ダムより取水する量は、〇・二m³／秒（二万七二八〇m³／日）である。

因みに、二〇〇〇年の一人一日平均給水量は三八一リットル、有効率は八七・六％で、負荷

表各2-3-2　1/80引き伸ばし後の地点別ピーク流量表

単位；㎥/s

NO	洪水年月日	ダム地点	荒井川合流前	荒井川	基準点（北半田橋）
1	S.13.08.31	259	952	427	1,307
2	S.16.07.21	148	569	279	825
3	S.18.10.02	194	667	292	950
4	S.22.09.14	154	580	314	801
5	S.23.09.15	232	636	313	948
6	S.24.08.30	281	847	285	1,120
7	S.25.08.03	266	839	308	1,116
8	S.33.09.25	196	766	341	963
9	S.41.06.27	203	808	402	1,159
10	S.41.09.23	480	1,132	470	1,412
11	S.46.08.30	152	569	246	780
12	S.47.09.15	253	652	272	792
13	S.57.09.11	301	1,016	479	1,293
14	H.03.08.19	224	813	275	1,065
15	H.06.05.26	162	624	259	826

図各2-2-2　基本高水流量配分図

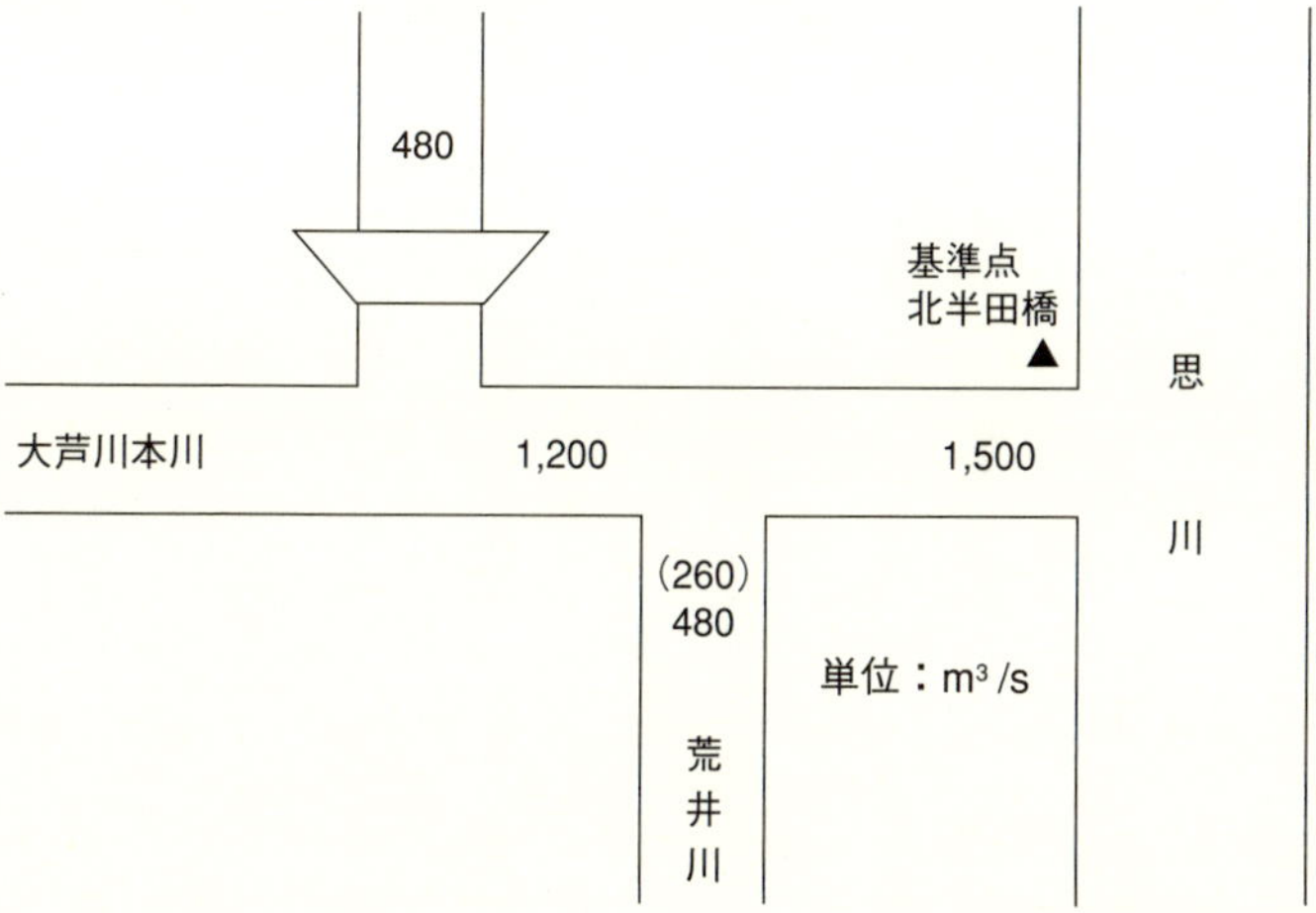

率は八二・五％である。

3　反対する理由

治水について——治水安全

ダム反対鹿沼市民協議会（以下市民協という）の資料によると、大芦川の水害実績として出されているのは、過去二〇年間に三二億円（五五年間に三八億円）とのことだが、大規模な洪水被害の記録はほとんどない。洪水被害のない河川に、なぜ、治水のためのダムが必要なのか。

県が示した「基本高水の決定に関する資料」によれば、洪水防御計画規模を決めるにあたり、「大芦川は、県内他河川とのバランス等を考慮して、計画規模を八〇分の一とした」とあるが、一般河川である大芦川は、県内他河川とのバランスを考慮しても、五〇分の一が妥当である。これは県内の同程度の一般河川の「ダム評価比較表」（表各2—3—3）を見ても明らかである。現計画では、計画規模は過大に設定されている。

建設省河川砂防技術基準（案）（以下基準という）によれば、「河川の重要度」として、「一般河川は重要度に応じてD級（五〇分の一～一〇分の一）あるいはE級（一〇分の一以下）が採用されている例が多い」とのことである。大芦川は一般河川であるから、重要度を考慮しても、計画

表各2-3-3　栃木県内ダム評価比較表

ダム名	河川名	① 流域面積（km²）	② 市街地面積（km²）	想定氾濫区域 ③ 面積（ha）	④ 面積（ha）	⑤ 面積（ha）	⑥ 面積（ha）	⑦ 面積（ha）	指標による計画規模 ①	②	③	④	⑤	⑥	⑦
三河沢	湯西川	33.6	0.0	—	—	—	—	—	1/30	1/30	—	—	—	—	—
		33.5	0.0	—	—	—	—	—	1/30	1/30	—	—	—	—	—
東大芦川	大芦川	157.0	0.3	—	—	—	—	—	1/50	1/30	—	—	—	—	—
		157.0	10.0	1,020	70	3	196	69	1/50	1/50	1/50	1/30	1/30	1/30	1/30
松田川	松田川	33.9	1.7	160	—	2	187	1	1/30	1/30	1/30	—	1/30	1/30	1/30
		32.5	5.6	260	40	2.2	105	49	1/30	1/30	1/30	1/30	1/30	1/30	1/30
塩原	箒川	226.5	21.3	—	—	—	—	—	1/50	1/70	—	—	—	—	—
		226.5	20.8	4940	—	5.8	329	126	1/50	1/70	1/70	—	1/30	1/30	1/50
寺山	宮川	36.4	0	140	—	0.3	32	4	1/30	1/30	1/30	—	1/30	1/30	1/30
		35.6	—	32.0	—	0.5	—	—	1/30	—	1/30	—	1/30	—	—
東荒川	荒川	66.1	11.8	—	—	—	—	—	1/50	1/50	—	—	—	—	—
		66.1	10.2	—	—	7.6	466	200	1/50	1/50	—	—	1/30	1/50	1/50
西荒川	荒川	75.8	11.8	70	—	0.1	17	1	1/50	1/50	1/30	—	1/30	1/30	1/30
		75.8	10.2	—	—	7.6	466	200	1/50	1/50	—	—	1/30	1/50	1/50
大室川	大内川	43.3	0.2	—	—	—	—	—	1/30	1/30	—	—	—	—	—
		43.5	—	20	—	0.1	—	—	1/30	—	1/30	—	1/30	—	—

東大芦川ダム利水計画等業務委託報告書

上段:平成2年版
下段:昭和60年版

の規模はD級の最大値の五〇分の一を採用するのが妥当である。

建設省（旧）の「二級河川工事実施基本計画検討資料作成マニュアル（案）」（前掲）に照らし合わせても、大芦川は、指標による計画規模では五〇分の一が妥当となる。現に、建設省が五年ごとに作成している「河川現況調査（関東地方編）」においても、昭和六十年版、平成二年版で、指標による計画規模は五〇分の一とされている。しかもこのことは、栃木県東大芦川ダム建設事務所が業務委託した「東大芦川ダム利水計画等業務委託報告書」（平成十二年一月）にも明記されている（表各2―3―4）。

他河川とのバランスを見ても、流域面積が大芦川（一五七平方キロ）よりも大きい「那珂川」（七二二平方キロ）、「余笹川《おささがわ》」（三四四平方キロ）、同程度の「黒川」（一八三平方キロ）はいずれも五〇分の一である。

以上により、大芦川の洪水防御計画規模は五〇分の一が妥当であるが、これをあえて八〇分の一に設定しているのは、これにより過大な基本高水を設定し、過大に設定された流量をダムでカットするという論法である。まさに、ダムを造るために設定された過大な計画規模である。

県河川課による試算では、五〇分の一を採用した場合、基本高水流量は昭和四十一年九月二十三日の一三一五m³／秒である。平成十年九月十六日の既往最大流量一〇六四m³／秒を採用すると、カバー率は七五％となり、基準のいう「六〇〜八〇％」の範囲にあるので妥当である。既往最大流量一〇六四m³／秒は昭和十年以降平成十年までの六十五年間の実績最大流量である。

表各2-3-4　流域指数による大芦川の計画規模

評価指標　単位		指標の数量	指標による計画規模
流域面積　(km^2)		157	1/50
		157	1/50
市街地面積(km^2)		10	1/50
		0.3	1/30
想定氾濫面積　(ha)		1,200	1/50
		—	—
想氾区域	宅地面積(市街地)(ha)	70	1/30
		—	—
	人口(千人)	3	1/30
		—	—
	資産額(億円)	196	1/30
		—	—
	工業出荷額(億円)	69	1/30
		—	—
計画規模決定値			1/50
			1/50

上段:1985年度　河川現況調査　関東地方編
下段:1990年度　河川現況調査　関東地方編
「国庫補助河川総合開発事業　東大芦川ダム利水計画等業務委託報告書」
(2000年1月全体計画打ち合わせ資料編)

以上により、治水安全度を五〇分の一とし、基本高水流量をカバー率七五%の一〇六四m^3/秒（既往最大流量）とすれば、ダムがなくても治水上の安全は保たれることになる。

平成六、七、八、九、十、十三年と、西大芦小学校前の県道の護岸の決壊や道路の陥没が続いているが、これは平成五年に自治省の補助金により造成された活性化事業としての運動公園「西大芦フォレストビレッジ」が流れを妨げることにより起こる水害で、正に「人災」である。

治水について――基本高水

仮に洪水防御計画規模を八〇分の一

としても、北半田橋での基本高水流量は過大である。

基本高水流量は一二〇〇㎥／秒が妥当であり、この場合、河道整備だけで対応が可能で、ダムは必要ない。カバー率も七五％で、基準に示されている範囲内である。

東大芦川ダムの集水面積は二三平方キロであり、流域面積一五七平方キロのわずか一五％を占めるに過ぎず、洪水調節効果は低い。

水問題研究家として著名な嶋津暉之（東京都環境科学研究所）は、「治水面からの東大芦川ダムの検討結果」の「まとめ」として以下のように述べている。
(1) 基本高水流量一五〇〇㎥／秒は八〇年に一回の洪水量としては過大であって、妥当な値は一二〇〇㎥／秒程度である可能性が高い（図2―3―1）。
(2) 八〇年に一回の洪水流量が一二〇〇㎥／秒程度であれば、河道整備だけで対応可能となり、東大芦川ダムは不要である。
(3) 大芦川の洪水基準点に対する東大芦川ダムの洪水流量削減効果は非常に小さく、東大芦川ダムは余りにも非効率的な洪水防御施設である。
(4) 大芦川は河道の整備が非常に遅れており、危険な状態にある。洪水削減効果が小さい東大芦川ダムの建設よりも、河道整備に予算を投じて計画堤防高と計画河床高の確保を早急に進め、洪水の流下を確実に行なえるようにすべきである。
ダムよりは河道整備を優先すべきという提言であり、傾聴に値する。

図各2-3-1　北半田橋地点の流域降雨量と洪水ピーク流量

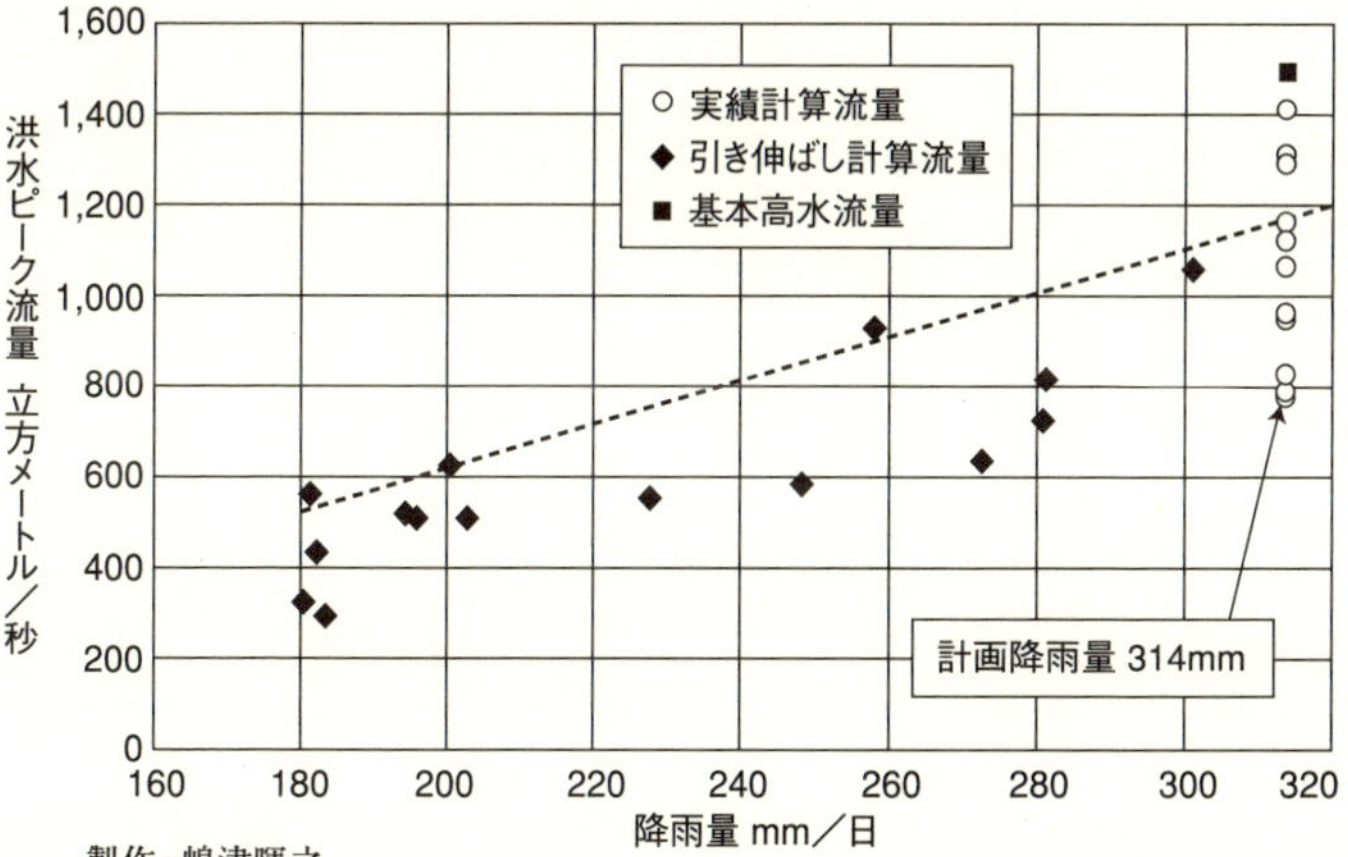

製作=嶋津暉之

基本高水決定にあたっては、基準に従って設定すべきであり、基準を上回るような決定をすべきではない。

計画規模を超える超過洪水対策としての治水案としては以下のようなことが考えられる。

(1) 未改修部分の河川改修を速やかに実施するとともに、日野橋付近の運動場と西大芦小学校前のフォレスト・ビレッジの河道の改修をする。

(2) 流域下流に遊水池を配置する。

(3) 農家の方々の理解を得て、水田貯留を検討する。水田の畦畔《けいはん》の維持管理として、三〇〜四〇円／m^{2}程度の支援をするか、借地補償も検討する。

(4) 森林のもつ水源涵養機能を高めるため、森林の整備を行なう。

(5) 氾濫被害を最小にするため、ハザードマップを作成し、常日頃、防災意識を高めるとともに、危機管理体制を整え、予・警報体制を整備する。

以上の理由により、治水上では、河川改修を優先させれば、ダムは必要ない。

利水について

水の需要量の増減は人口の増減に大きく影響される。鹿沼市の人口は二〇〇〇（平成十二）年の実績では九万四七一七人であるが、栃木県建設総合技術センターの試算では、二〇二〇（平成三十二）年には九万二九七一人となり、一七四六人の減少、率では二％の減少をしめしている。「思川開発事業を考える流域の会」の会員・山本武の試算によると、九万三七八人となり、四三三九人の減少、率では約四・五％の減少となる（表2―3―5）。

二〇〇〇年の給水区域人口は八万二三九六人で、普及率が八八・八％であるので、人口減比率を三％とし、普及率を九〇％とすると、給水人口は七万一九三二人となる。二〇〇〇年の給水人口が七万三一五四人であるから、一二二一人の給水人口減となる。

鹿沼市は地下水が豊富で、羨ましいくらい井戸を使っている。これ以上水道普及率は増えないだろうし、増やす必要もない。地下水の水質を保持すべきである（ダム予定地の草久地区には、水道管の配管計画は全くない。たとえダムが出来ても、ダムの不味い水を飲まなくて済む）。

表各2-3-5　鹿沼市の人口予測

	山本試算	栃木県建設総合技術センター	人口問題研究所	統計情報研究開発センター
2000（平成12年）	94717	94717	94128	94128
2005（平成17年）	94578	94836	94628	94386
2010（平成22年）	93943	94751	94225	93863
2015（平成27年）	92670	94130	92758	92606
2020（平成32年）	90378	92971	90452	90713

節水思想の啓蒙と節水器具の普及等により、一人一日平均給水量は現状維持の三八一リットルと考えていい。これにより二〇二〇（平成三十二）年の一日平均給水量は、二万七四〇九立方メートルとなる（鹿沼市の第五次計画では一人一日最大給水量が五六一リットルだというのだから呆れる）。

現在の公称施設能力は、三万八一〇〇㎥／日であるので、約一万立方メートルの余力があることになる。これはすべて地下水に依存している。現状でも、鹿沼の水の需給はプラスである。

二〇〇〇年の有効率は八七・六％であるが、水道実務六法によると、「九五％程度の目標値を設定することが望ましい」とされている。一日平均給水量が二万七八六三㎥／日であるから、有効率を七％上昇させることにより、約二〇〇〇トンの有効水量が確保できる。有効率を向上させるには漏水防止をすればいいが、この仕事は、鹿沼市内の水道事業者の仕事である。

鹿沼市で減圧給水の効果を一日約二〇〇〇立方メートルとしているが、老朽管の布設替えによる漏水防止をすれば、二〇〇〇立方メートルの無効水量が有効水量に転換できる。冬場の給水制限も解消される。

南押原地区では、日量一万一〇〇〇立方メートルの新規地下水源も確認され、それ以外にも、地下水源の可能性が見込まれる。適正な対応をすれば、渇水に悩むこともない。

節水対策としては、個人の節水努力とともに、公共施設貯留、雨水の利用、透水性舗装など、市街地での保水能力の向上に努める。

以上により、利水上でも、地下水源で充足でき、ダムの必要はない。

環境について

大芦川流域の八〇％以上が森林であり、保安林も多く、緑のダムとして、大芦川流域の河川環境の保全に大きく貢献している。大芦川流域の河川環境はまさに北関東随一の清流の名に相応しいものがある。特に東沢の渓谷美は、栃木県の宝である。ダム予定地の上流の無名の滝の荘厳さは多くの人の耳目を楽しませるものがある。

東沢上流は、かつては、足尾銅山の資材の補給基地として大面積に伐採され、明治三十五年の大水害を招来したが、県行造林の成果として、いまは針葉樹の人工林に覆われ、緑のダムとして、治水・利水両面の公益的な使命を果たすとともに、いまは地域住民の心のふるさとである。

県の実施した環境影響調査の中間報告でも、大芦川流域の自然の豊かさは明らかである。陸上植物は一二一科七〇三種が確認されているが、注目種としては、ヤシャゼンマイ、フタバアオイ、ウスバサイシン、ヤマシャクヤク、フジスミレ、コハクウンボクなど五科六種が確認されている。

水生植物は六科八種、付着藻類は一〇目六七種が確認されているが、注目種はないという。

哺乳類では六目一三科二〇種が確認されていて、注目種は五目九科一一種が確認されているが、その中にはレッドデータブックで希少とされているホンドモモンガ、准絶滅危惧のヤマネ、特別天然記念物のカモシカが含まれている。

鳥類は一一目三一科八八種が確認されていて、注目種は三目五科一一種が確認されているが、その中には、絶滅危惧ⅠB類のイヌワシ、クマタカ、絶滅危惧Ⅱ類のオオタカ、ハヤブサ、サンショウクイ、準絶滅危惧のミサゴ、ハチクマ、ハイタカなどが含まれている。

両生類は二目四科七種、は虫類は一目四科一〇種が確認されていて、注目種としてはハコネサンショウウオ、タゴガエル、ナガレタゴガエル、モリアオガエル、カジカガエルの五種が確認されている。

昆虫類は一八目一八六科九〇九種が確認されていて、注目種としては七目二〇科二四種が確認されているが、その中には、絶滅危惧Ⅱ類のツマグロキチョウ、準絶滅危惧のコオイムシ、ダイコクコガネが含まれている。

魚類では、三目五科七種が確認されているが、注目種としてのニッコウイワナは、西大芦漁協が原種の保存に取り組んでいる貴重な魚である。

底生動物としては、八目四一科一五二種が確認されているが、特にムカシトンボ、トワダカワゲラは注目種である。

食物連鎖の頂点にいるという猛禽類の種類の多さに、大芦川東沢の豊かな自然が感じられる。

答申では、大芦川の自然環境について「美しい河川」と評価し、環境と整合する河川計画を検討することが肝要であるとの意見があり、こういった状況を踏まえて、次のような意見を紹介している。
① ダム建設は自然の水循環システムを断ち切ることから「河川環境の保全」にとってマイナスである。
② 豊かで貴重な自然環境を壊してまでダム建設をする必要はない。
③ 田園風景や里山保全のためには河川改修は最小限にとどめることが必要である。
答申の「おわりに」で、「環境においてはおおむね意見の一致が見られた」とある。環境の保全という観点では、ダム推進派も、これを否定することが出来なかった。

費用対効果について

栃木県の財政状況は悪化の一途を辿っている。

財政力指数は、〇・五四五（平成十一年度）から〇・四八（平成十三年度）へと悪化している（標準値は一である）。経常収支比率は、八七・四％（十一年度）から八九・九％（十三年度）へと悪化している。この数字は、健全性の目安とされている八〇％を大きく超え、二年後には財政再建団体に転落かと噂されている長野県よりも悪い数字である。起債制限比率も、平成十三年度は一五・〇％で、これは岡山、長野、秋田に次いで熊本と並んで全国ワースト四位である。

平成十四年度の地方債残高は一兆円を超え、多額の借金を抱えている。必要のないダムのために、新たに借金を増やすことは許されない。

東大芦川ダムの費用対効果についても問題が指摘されている（市民協の資料より）。『東大芦川ダム利水計画等業務委託報告書』（栃木県東大芦川ダム建設事務所）によると、東大芦川ダムの費用対効果については、「一・四一」と報告されている（以下、報告書に基づいて検算する）。

費用対効果は総便益額を総費用で割って求めるとされている。

総便益額は、年平均被害軽減期待額に係数を掛けて算出している。

総費用の計算は、「ダム建設後に維持管理費を加え、ダム建設費のうち評価対象期間終了時点において残存価値を評価できるものを費用から除いて算定する」とある（むずかしい）。

報告書では、年平均被害軽減期待額を一二億二五二〇万円として、係数二二・三四を掛けて総便益額を求めている。この結果、総便益額二七三億七一〇〇万円が求められた（一二億二五二

〇万円×一二一・三四＝二七三億七一〇〇万円）。

総費用は一九三億七七〇〇万円と算出されている（積算方法は複雑）。

費用対効果は、二七三・七÷一九三・八＝一・四一で、確かに一を超えている。

しかし、現実には、この二〇年間の洪水被害は三一億円で、年平均にすると一・六億円にすぎない。どうして、年平均被害軽減期待額が約八倍の一二億二五二〇万円になるのだろうか？

総便益額が二七三・七億円とのことであるが、昭和六十年度河川現況調査（関東地方編）によると、大芦川の氾濫区域の資産額は一九六億円である。総便益額が資産額より大きくなるのはなぜなのか？

総事業費が三一〇億円なのに、総費用が一九三・七億円になるのはなぜなのか？　熊本県知事がダム撤去を表明した荒瀬ダムの本体撤去の費用が四七億円といわれている。東大芦川ダムも、費用対効果を計算する場合、総費用に、ダム撤去の費用を計上すべきではないのか？

分母を大きくして、分子を小さくすれば、費用対効果が大きくなるのは理の当然である。

年平均被害軽減期待額や、総費用が算出される基になる生データが示されなければ、この数字には納得できない。

県の出している費用対効果には多大の疑問が残るが、極めつけのトドメがあった。

二〇〇三年一月、ダム反対鹿沼市民協議会から、『東大芦川ダムのどこが間違っているのか（治水編）』が送られてきた。

市民協によると、ダムの費用対効果を計算するには、整備期間を見込む必要があるが、県の総便益の試算では、整備期間が考慮されていないとのことである。整備期間というのは「評価時点からダムが供用開始されるまでの期間」のことで、他のダムでは計算に入れているという。

市民協では、係数を算出する式を入手し、整備期間を一四年として係数を求めたところ、係数は一二・四一となった。これにより同様の計算を行なったところ、総便益額は、一五二一億円となった（一二億二五二〇万円×一二・四一＝一五二一・〇億円）。

同様にして費用対効果を求めたら、〇・七八になった（一五二一・〇÷一九三・八＝〇・七八）。

整備期間を十年と見込んでも、〇・九五となった。

どちらにしても、費用対効果は一以下になり、事業として成り立たないことを示している。

市民協では、整備期間を入れずに費用対効果を計算しているのは誤りだと指摘している。

ところが、第六回協議会の一週間前の四月二十二日付けで、「東大芦川ダムの費用対効果に関する資料の送付について」という文書が栃木県河川課から送られてきた。

この文書によると、評価時点（着手時点）を平成十二年、ダム完成を平成二十一年、整備期間を十年として計算して、費用対効果は一・七になるとのことである。

試算によると、総便益は一七二億円（一一・四億円×一五・〇九三＝一七二億円）、総費用は一〇一億円として、一七二億円を一〇一億円で割ると一・七となる、とのことであった。年平均被害軽減期待額も総費用も下方修正されている（一五・〇九三は価値化係数で、年率四％を考慮した五〇年間の累計の係数である)。

計画を立てる時点での費用対効果はどうだったのか？　それも明らかにすべきである。

第六回協議会の場での県河川課の説明では、平成十二年五月に、「治水経済調査マニュアル（案）」が改正され、算定方法が変更になったので、整備期間を見込んで計算した結果だという。本協議会は平成十四年二月に発足したので、平成十二年五月にマニュアルが改正されたならば、費用対効果の資料は、当然協議会に提出すべきであるのに、度重なる資料提供の要請を河川課は無視してきた。しかし市民協から問題点を指摘した資料が出されると、あわてて、整備期間を入れた費用対効果の指数を提出してきたことで、河川課の対応に不信の声があがった。県河川課長が「すぐに出さなかったというのはご指摘の通りで、それについては謝ります」と陳謝した。

「治水経済調査マニュアル（案）」については、県河川課長も、「これが完璧であるとは私も思っていませんし、多分河川局も思っていないと思います。皆さんご指摘のとおり、いろいろ問題点はあると思います。ただ、われわれが費用対効果を出す場合に、治水経済調査マニュアル（案）で作成しなさいと河川局でいわれています」と発言している。

このようないい加減なマニュアル（案）で費用対効果を算出して、「一を超えているから」と正当性を主張してきたのが、これまでの河川局・河川課の対応であった。しかし、ダム建設の是非は、治水、利水、環境、地域振興などの総合判断で行なうものであり、費用対効果がたとえ一を超えていたとしても、これは単なる指標の一つにすぎない。

さらに驚くことには、五月二十五日の第七回協議会（最終答申をした協議会）で、河川課は、費用対効果を一・四六と下方修正してきたのである。これは、総便益を前回の一七二億円から一四三億円に、総費用を一〇一億円から九八億円に修正した結果、費用対効果が一・四六になったというのである。「バナナのたたき売り」をしているわけでもあるまいが、こう簡単に数字のつじつま合わせが行なわれると、「費用対効果」そのものがいい加減なものであると断ぜざるを得ない。

第六回協議会において「費用対効果」について、「マニュアル（案）」をもとに検証を依頼された水谷正一委員（宇都宮大学教授）は、「マニュアル（案）」の誤った適用、および「報告書」のなかの明らかな誤りとして、以下、①氾濫ブロックの誤った設定、②氾濫被害のない区間で被害を想定、③氾濫による下流の流量低減を考慮していない、④全面破堤の条件で浸水深を計算するという誤り、⑤農作物被害率の数値の誤り、⑥ダム建設費の治水分計算方法の誤り、⑦ダム維持管理経費の算定方法の誤り、⑧被害所帯数の誤り、⑨流量～被害額曲線の誤り、の九点を上げ、「県が行なった費用対効果の試算は基本的に誤りといわねばならない」と決めつけている。

水谷委員は、計算プログラムを独自に作成し、任意で再計算を行なったところ、指摘事項を考慮した場合の費用対効果は〇・八六となり、さらに無害流量（それ以下では被害が生じない流量）

を全地域で設定して計算すると〇・五七になったという。

これまで多くのダム問題で、住民が手を出すことが出来なかった「費用対効果」の神話は、かくの如きインチキな数字だったことが明らかにされた。

地域振興について

自然豊かな大芦川の河川環境を求めて、いまでも多くの釣り人や、自然を楽しむ人たちが、家族連れで訪れる。この自然を守り続けることが地域振興につながる。

といっても、かつてのバブルの時のような一過性の「賑わい」を求めるものではない。地味ではあるが確かな手応えを感じるような地域振興を図っていく。

ありふれた山村の「ふるさと」を大切に守ろうというのが地域住民の要望である。

ダムは大手ゼネコンの仕事であり、地域の業者はその下請け、孫請けとなるに過ぎない。

しかし、河川改修や遊水池の造成は、市内の建設事業者の仕事であり、漏水防止事業は、市内の水道事業者の仕事となる。

森林整備は、森林からの恵みを享受するのみならず、地元の雇用の促進にもなる。

西大芦漁協は県内唯一の黒字経営である。

地域の地場産業の振興こそ、真の意味の永続性のある地域振興である。

東大芦川ダムは、本来、必要がないにもかかわらず計画されたダムで、治水・利水上ダムが必要だというのではなく、ダムを造ることが必要とされているダムである。

このダムは、思川開発事業（南摩ダム）を補完するためのダムである。

一九九七（平成九）年に、水資源開発公団思川建設所所長が、「将来的には南摩ダムと東大芦川ダムを公団が一括管理することになろう」と語ったとのことであるが、水の溜まらない南摩川にダムを造り、導水管を通して、大芦川と黒川の水を取るという計画そのものがおかしい。

東大芦川ダムの目的に、「既得取水の安定化、河川環境の保全等」とあるが、大芦川の河川水を南摩川に取っていって、何が環境保全か？

いくら突き詰めていっても、東大芦川ダムを造る正しい理由を見つけることは出来ないだろう。

二〇〇三（平成十五）年四月に行なわれた統一地方選において、栃木県議会議員立候補予定者に、地元紙が、県営東大芦川ダムの建設の是非についてアンケートを行なった。

回答のあった七七人の内、「建設すべき」が三〇人、「中止すべき」が一四人、「凍結すべき」が一八人で、否定的な回答がわずかではあるが上回った。他に、「回答できない」が一〇人、「分からない」が五人だった。党派別では、自民党が二九人の内の二四人が「建設」、民主党は現職四人が、全員「中止」「凍結」、公明党は三人の内二人は「建設」、共産二名、社民一名はいずれも「中止」だったという。無所属の三八人は、「建設」が四人で、「中止」「凍結」が二五人と、否定的意見が多かった（下野新聞・二〇〇三年三月十八日）。

選挙後、七名が当選した「県民ネット二一」（民主党・自由党系）の県議は、六月四日、東大芦川ダム予定地を調査に訪れ、地元住民と話し合いを行なった。

調査後、マスコミの質問に答えて、「（会派内は）中止と考えている人が多いので、一致団結して対応していきたい」（下野新聞）との見解を発表したが、二年前の二〇〇一（平成十三）年三月の県議会で、民主党は推進を求める決議に賛成しているので、今後の対応が注目される。

公共事業の見直しを求める民主党中央と、栃木県連とのねじれが解消されることを望みたい。

おわりに

栃木県に、思川開発事業というダム事業がある。

いまから約四〇年前の一九六四（昭和三十九）年に構想が発表され、一九九四（平成六）年に事業実施計画が認可された。事業主体は水資源開発公団（現・水資源機構）である。

鹿沼市を流れる南摩川は流れの少ない小川?であるが、ダムサイトに向いている地形なので、ここにダムを建設し、水は、導水管を敷設して、二〇キロ離れている大谷川（今市市）から毎年一億二〇〇〇万トンを取水するという計画だった。

水没する南摩地区の住民は、当初は絶対反対の旗を掲げていたが、長引く運動に疲れ切ったうえ、公団の執拗な切り崩しにあい、次第に、ダム容認に傾くようになった。

今市市挙げての取水絶対反対に直面して難航していた公団は、一九九四年に計画を変更し、今市市からの取水を半分の毎年六〇〇〇万トンに減らし、黒川から一〇〇〇万トン、大芦川から二〇〇〇万トン、南摩川から一〇〇〇万トンを取水し、南摩ダムに一億トンの水を貯めることにした。

それでも今市市民の取水絶対反対の声は治まらず、計画変更に伴って新たに立ち退きの対象となった鹿沼市室瀬地区の住民や、水を取られることになる大芦川、黒川流域の住民も反対の声を挙げるなど、鹿沼市民の運動も激しくなり、一九九七年には、「思川開発事業を考える流域の会」（代表・藤原信）が結成され、全県的な運動に展開していった。

一九九九（平成十一）年八月四日に、水資源開発公団と建設省関東地方建設局主催の、思川開発事業検討会（第一回）が開催され、複数の委員から、計画に反対する意見が出された。「『今市市の思川開発大谷川取水反対同盟の反対表明、今市市議会の何回もの反対決議や最近の反対意見書の国への提出など、今市市は、思川開発事業に絶対反対の立場に変わりはない』という強い意見があった」とのことである（議事録より）。

二〇〇〇（平成十二）年一月十三日の（第二回）検討会でも、反対意見が続出した。「先祖から受け継ぐ貴重な大谷川からの取水は、今市の各種用水や我々の死活問題にかかわる重大事であり、全市を挙げて絶対反対を表明、期成同盟会を結成して強力な運動を展開してきた」、「計画には反対であると知事を通じて国に伝えた」、「到底、容認できないため、公団総裁に抗議書を送付」などの激しい反対意見が出された（議事録より）。

委員には、今市市長（当時）福田昭夫（現栃木県知事）がいて、かなり激しい口調で反対意見を述べたとのことである（議事録には、発言者の氏名が明記されていないので特定できない）。

このため、検討会は、開店休業状況となり、以後二年間の空白となった。

二〇〇〇（平成十二）年十一月に、今市市長福田昭夫は、現職の知事をわずか八七五票の差で破って、栃木県知事に当選した。福田昭夫は、検討会でも、思川開発事業には絶対反対の意見を表明していたし、知事選立候補の公約にも、鹿沼市の二つのダム（思川開発事業と東大芦川ダム）について、住民参加と完全な情報公開による全面的な見直しを約束していた。

思川開発事業は、与党三党による抜本的な見直しの対象となっていたが、建設省は、同十一月に、南摩ダムは継続するが、大谷川からの分水は中止することを決定した。「大谷川分水については地元調整が難航しているため中止する」というのが理由である。

変更後の詳細な計画はまだ明らかにされていないが、これまで、南摩ダムと行川ダムの二つのダムを造る計画だったのを、南摩ダムのみとすることになった。導水管も四本で計二〇キロ敷設する計画を、二本で一〇キロに短縮された。南摩ダム本体も、総貯水量一億トンが、五〇〇〇万トンに縮小された。新規利水の開発も七・一㎥／秒から、三・二㎥／秒に下方修正された。

これまでの説明では、「今市市を流れる大谷川からの取水が絶対条件」だとしていたので、大谷川からの取水を中止するならば、思川開発事業そのものが破綻したも同然である。変更された計画を見ても、ダムを造るためのアリバイ的計画であり、思川開発事業は、治水の面でも、利水の面でも必要のないダムであることが明らかになった。

二〇〇一年五月八日の記者会見において、福田知事は、思川開発事業の参画を表明した（各論第二章第二節大芦川ダムを参照)。この決定は、県幹部による検討委員会での結論とのことである。

これは明らかに公約違反であり、この決定に、栃木県民の多くが福田知事に失望した。今市市からの取水が中止になれば、今市市長としてはいいのかも知れないが、ダム反対の県民の期待を担って当選した栃木県知事としてはいかがなものか。福田知事は、次の選挙で信を問うことになるのであろう。

二〇〇一(平成十三)年三月二十五日に、千葉県知事に当選した堂本暁子も、言行不一致である。

「思川開発事業を考える流域の会」は二〇〇一年四月二十四日に、堂本千葉県知事に、「思川開発事業が千葉県にとって必要不可欠な事業かどうか、賢明な判断を下されますよう要望いたします」という要望書を提出した。

これに対して、「お手紙は私が直に拝見いたしました」、「いただきましたご意見については、担当部署へ検討するよう指示いたしました」という文書に『思川開発、時代おくれですね』という添え書きのある返書を出しながら、その後まったく対応せず、千葉県は、いまでも負担金を支出し続けている。

今後は、住民監査請求・住民訴訟などの法的対応により、思川開発事業の中止に向けての運動に取り組んでいこうと思う。

あとがき

平成十三年六月二十五日より平成十五年六月二十四日まで、長野県田中康夫知事より、長野県治水・利水ダム等検討委員会委員を委嘱された（田中康夫知事とは、面識はあるが言葉を交わしたことはほとんどない。多分、天野礼子さんか五十嵐敬喜さんの推薦によるものと思われる）。また平成十四年一月十八日に、栃木県福田昭夫知事より、大芦川流域検討協議会委員に委嘱された。

これまで、官製の審議会・委員会等は御用学者による御用委員会と思っていたので、いまだかつて、このような委員会に参加したことがなかったが、今回は、住民サイドに立っての委員選出とのことなので、晩節を汚すこともあるまい、と引き受けた。

それにしても、従来の御用委員会の知的退廃には驚くばかりだ。役人が作った原案を、中味をよく吟味もせず、ただ〝お墨付き〟を与えるだけの学識経験者（？）は、社会に害毒を流す、唾棄すべき存在である。もう一度、学者としての良心を、もしあるならば取り戻して欲しい。

林学（森林科学）関係のことでは、これまで、もっぱら、森林の公益的機能としての〝緑のダム〟の効用を訴えてきたが、検討委員会では、基本高水が議論の中心になったので、七〇の手習いで、河川工学の分野の水文学について勉強した。基本高水という用語も知らなかったので、たいへん興味深く勉強することができた。基本高水については、素人的な解説を試みたので、素人の人には理解されやすいものと思う。

森林水文学については、学生時代に、「砂防及び理水」という講義と実習で微かに習ったような気がする（成績は講義も実習も「優」がついている）。今回は、資料による〝俄〟勉強だったが、砂に水がしみ込むような感じで新たな知識を受け入れることができた。

学生の時、地下にあった実験室で森林土壌の実験をしながら、大学に来て〝泥んこ遊びか〟とぼやいたものだ。必修単位だったので、適当にこなしたが、いまになって、昔のことを少しずつ思い出し、いい加減にやっていても、それなりに役に立つものだと感謝している。

ダムの費用対効果については、学生に講義していた「森林評価学」の知識が役に立った。

「ダムに反対する理由」というテーマで本を書こうという気になったのは、一つは検討委員会の記録を残したいという気持ちであり、もう一つは、いままで、建設省（現・国土交通省）河川局や県土木部河川課の一方的な言い分に黙らされていた住民団体に、反対する理論的な手がかりになるものを提供したいという気持ちからである。

検討委については、浅川ダム中止の答申を出すまでの状況をまとめたが、今後は、全国各地で問題となっているダムについても、資料や情報を分析しながら検証してみたいと思っている。

私たちが自然的な経済活動をしている段階では、自然的・生物的対応で対処できたことが、私たちの経済活動が、自然的な枠を大きく超えた段階では、環境に負荷を与えない範囲で、物理的・工学的な対応が必要なこともあるだろう。

何が何でもダムは駄目と言う気もないが、必要もないようなところで、何としてもダムだ、と言い張る人に与するつもりもない。「必要のないダムに反対する理由」とすべきだったか？

栃木県の大芦川流域検討協議会は、五月二十五日の第七回協議会で、福田知事に答申を提出して終了した。

長野県の治水・利水ダム等検討委員会は、六月二十日の第三二回検討委員会で審議は終わり、二十四日に、駒沢川、角間川の「総合的な治水・利水対策」の答申を提出したのを最後に、諮問を受けた県内九流域の答申はすべて終了した。

これからは、流域協議会および検討委員会の議事録を読み返しながら、これらの答申が県民のためにどう生かされていくかを見守っていきたい。

この本をまとめるにあたっては、多くの方から、多くのことを教えていただいた。お一人お一人お名前を挙げないが、心から感謝している。

この本が、必要のないダムに反対している人たちの運動に、何等かの手がかりを与えることができれば幸甚である。

二〇〇三年六月末日

著者

［著者略歴］

藤原　信（ふじわら　まこと）

1931年千葉県生まれ。
東京大学農学部林学科卒業。
東京大学大学院農学研究科博士課程修了。
東京大学農学部助手、宇都宮大学農学部森林科学科教授を経て、
現在、宇都宮大学名誉教授。農学博士（東京大学）。
思川開発事業を考える流域の会代表
長野県治水・利水ダム等検討委員会委員
大芦川流域検討協議会委員
環境政党「みどりの会議」運営委員
［主著］『自然保護事典』（共著）緑風出版。
『リゾート開発への警鐘』（共著）リサイクル文化社。
『検証リゾート開発』（共著）緑風出版
『日本の森をどう守るか』（岩波ブックレット）岩波書店
『真の文明は川を荒らさず』（共著）随想舎
『「２０年後の森林」はこうなる』カタログハウス出版部

なぜダムはいらないのか

2003年8月2日　初版第1刷発行　　定価2300円十税

著　者　藤原　信©
発行者　高須次郎
発行所　緑風出版
〒113-0033　東京都文京区本郷2-17-5　ツイン壱岐坂
［電話］03-3812-9420　［FAX］03-3812-7262
［E-mail］info@ryokufu.com
［郵便振替］00100-9-30776
［URL］http://www.ryokufu.com/

装　幀　堀内朝彦
写　植　R 企 画
印　刷　モリモト印刷　巣鴨美術印刷
製　本　トキワ製本所
用　紙　大宝紙業　　E2000

Printed in Japan　　ISBN4-8461-0307-2　C0036

◎緑風出版の本

▨全国のどの書店でもご購入いただけます。
▨店頭にない場合は、なるべく書店を通じてご注文ください。
▨表示価格には消費税が転嫁されます。

セレクテッド・ドキュメンタリー

地すべり災害と行政責任

長野・地附山地すべりと老人ホーム26人の死

内山卓郎著

四六判並製　二八八頁　２２００円

'85年長野市郊外の地附山で、大規模な地滑りが特別養護老人ホームを襲い、二六名の死者がでた。行政側は自然災害、天災であると主張したが、裁判闘争によって行政の過失責任が明らかとなる。公共事業と災害を考える。

セレクテッド・ドキュメンタリー

ルポ・日本の川

石川徹也著

四六判並製　二二四頁　１９００円

ダム開発で日本中の川という川が本来の豊かな流れを失い、破壊されて久しい。本書はジャーナリストの著者が全国の主なダム開発などに揺れた川、いまも揺れ続けている川を訪ね歩いた現場ルポ。清流は取り戻せるのか。

大規模林道はいらない

大規模林道問題全国ネットワーク編

四六判並製　二四八頁　１９００円

大規模林道の建設が始まって二五年。大規模な道路建設が山を崩し谷を埋める。自然破壊しかもたらさない建設に税金がムダ使いされる。本書は全国の大規模林道の現状をレポートし、不要な公共事業を鋭く告発する書！

ルポ・東北の山と森

――自然破壊の現場から

山を考えるジャーナリストの会編

四六判並製　三一七頁　２４００円

いま東北地方は、大規模林道建設やリゾート開発の是非、イヌワシやブナ林の保護、世界遺産に登録された白神山地の自然保護のあり方をめぐって大きく揺れている。本書は東北各地で取材した第一線の新聞記者による現場報告！